VERKEHRSGESCHICHTE

Die Westfälische Landes-Eisenbahn

VERKEHRSGESCHICHTE

Karlheinz Haucke

Die Westfälische Landes-Eisenbahn

transpress

Einbandgestaltung: Katja Draenert
Titelbild: Mit einem Kalksteinzug sind im Sommer 1998 zwei Dieselloks auf der WLE-Strecke Warstein–Lippstadt unterwegs.
Foto: Jörg Hajt

ISBN: 3-613-71120-6

1. Auflage 2001

Lektorat: Dirk Endisch
Innengestaltung: Viktor Stern
Druck: Maisch & Queck, 70839 Gerlingen
Bindung: Nething, 73235 Weilheim/Teck
Printed in Germany

Vorwort

Nicht viele Privatbahngesellschaften des 19. Jahrhunderts haben bis in unsere Tage überlebt. Die Westfälische Landes-Eisenbahn (WLE), einst aus purer wirtschaftlicher Not als Warstein-Lippstadter Eisenbahn geboren, hat nicht nur die Verstaatlichungswellen überdauert, sondern auch die Jahre der Rezession bis hin zur Einstellung des Personenverkehrs anno 1975. Unter dem Dach der Westfälischen Verkehrs-Gesellschaft (WVG) in Münster hat die WLE ihre betriebliche Eigenständigkeit bewahrt. Dank einer vorausschauenden Linienführung der Stammstrecke bilden die Steinzüge von Warstein in die Beckumer und Neubeckumer Zementwerke auch an der Schwelle zum dritten Jahrtausend das ökonomische Rückgrat. Insofern schließt sich der Kreis, denn schon am Anfang waren der Bruchkalkstein in Warstein, der Hornstein aus Belecke und der Grünsandstein Anröchtes nicht nur der Reichtum der Region, sondern zugleich Haupttransportgut.

Die Geschichte dieser großen nichtstaatlichen Eisenbahngesellschaft bis in die Jetztzeit fortzuschreiben, Irrtümer der Vergangenheit zu korrigieren und die Arbeit von Generationen engagierter Landes-Eisenbahner zu würdigen, sind Anliegen dieses Buches. Der bereitwilligen Unterstützung seitens der WLE sei hier ausdrücklich gedankt. Ohne das Mitwirken zweier mit ihrer Landes-Eisenbahn über viele Jahre besonders verbundener Männer wäre freilich dieser neue Band zur Verkehrsgeschichte Stückwerk geblieben. Josef Kückmann, langjähriger WLE-Chef, inzwischen im Unruhestand, machte mir die noch immer umfangreichen Bestände des WLE-Archivs zugänglich, stand mir mit Rat und Tat bei den Recherchen zur Seite. Und ohne die akribische Fleißarbeit des pensionierten WLE-Lokführers Friedrich Risse wäre der Statistikteil zu Triebfahrzeug- und, in Auszügen, Güter-, Pack- und Personenwagen-Beständen nicht zu realisieren gewesen. Beiden Eisenbahnern gilt mein ganz besonderer Dank. Meinem Freund Lutz Prix verdanke ich wertvolle Hinweise und zudem schöne Aufnahmen. Ihm sowie allen, die ich hier nicht namentlich erwähnen kann, danke ich hiermit ebenfalls.

Bochum, im Januar 2001
Dr. Karlheinz Haucke

Inhalt

1

Einleitung

Wenn ich rückblickend feststelle, dass ich schon in zartem Alter an der WLE hing, so ist dies durchaus auch wörtlich zu verstehen. Auf dem Schulweg im Schlachthauspatt gehörte es für uns Kinder zu den beliebtesten Übungen, uns in Sichtweite des Stellwerks Lippstadt-Nord an die geschlossenen Schrankenbäume zu klammern. Wer beim Hochkurbeln als letzter absprang, hatte gewonnen. Die Stellwerker fanden diesen gefährlichen Unfug gar nicht lustig. Rudolf Hänsel war einer von ihnen, der sein Muskelschmalz an der Kurbelbank einsetzen mußte. Heute kann er über solch Kinderjux schmunzeln, aber damals hätte er uns gar zu gern mal ordentlich den Hintern versohlt. Im reiferen Alter von elf Jahren erlebte ich meine erste Führerstandsmitfahrt: Die dieselhydraulische Drehgestell-Lokomotive VL 0631 mit ihren zwei Motoren hinterließ einen gewaltigen Eindruck bei mir. Erst viel später verschoben sich die Dimensionen auf ein Normalmaß. Die schnaubenden, mehr oder minder dunkle Qualmwolken ausstoßenden Tenderloks, etwa die drei Fünfkuppler aus der Borsigschmiede, waren dagegen Alltag für den hoffnungsvollen Sprößling aus einer halb Eisenbahner- und Techniker-, halb Försterfamilie. Wenig mehr als zwei Steinwürfe von der WLE-Hauptwerkstatt entfernt aufgewachsen, bedurfte es für mich allerdings nicht der Familientradition, um mit der Eisenbahn von Anfang an auf vertrautem Fuße zu stehen. Das geschäftige Treiben der Landeseisenbahner lieferte nicht selten die ergiebige Hintergrundkulisse für die Spiele unserer Kindertage. Und entlang des nördlichsten Anschlußgleises zur ehemals kriegswichtigen Galvanik auf dem Nordwerk der Westfälischen Metall-Industrie waren zwischen Waldschlößchen und gesprengtem Bunker aufregende Entdeckungsreisen angesagt. Lebhaft erinnere ich mich auch an die obligaten Familienspaziergänge entlang der Rhedaer Bahn, wo Bundesbahn und WLE parallel und auf jeweils eigenen Brücken die Lippeniederung überwanden - ein Paradies für Kinder, nicht nur wegen der unzähligen Wasserschnecken in den Altwassern und Tümpeln. Und wenn draußen das Wetter gar zu ungemütlich wurde, dann kam das Zugspiel an die Reihe: Sämtliche erreichbaren Stühle wurden umgekippt, mit Decken verhangen, ein Pfiff ertönte, und wir reisten in unseren Coupés phantastischen Schienenabenteuern entgegen.

Kurzum, ob er wollte oder nicht: Der Lippstädter, gewöhnt an zwei Bahnhöfe und Schienenstränge im Süden, Osten und Norden seiner Heimatstadt, entging der Eisenbahn nicht. Und daran hatte die WLE seit der Wende zum 20. Jahrhundert ihren gehörigen Anteil. Noch heute schlägt ihr Herz in der wasserreichen alten Hanse- und Reformationsstadt, wo an der Stirper Straße das Depot, das frühere Bw, an der Beckumer Straße neben Hauptwerkstatt und Verwaltung auch die Leitzentrale zu finden ist. Ein geflügeltes Wort aus meiner Heimat mag dies illustrieren: Entweder regnet's in Lippstadt, oder die Glocken läuten, oder die Schranken sind zu. Damit ist eigentlich alles gesagt.

2

Die Spur der Steine oder die Warstein-Lippstadter Eisenbahn

Manfred Krug war längst noch nicht geboren, der in der DDR verbotene Defa-Film schlummerte noch in ferner Zukunft, da war die Spur der Steine bereits viele Jahre das Markenzeichen der Westfälischen Landes-Eisenbahn (WLE), vormals Warstein-Lippstadter Eisenbahn. Hätten freilich die großen Bahngesellschaften der Pionierjahre und hernach auch noch die Königlich Preußische Eisenbahn-Verwaltung (K.P.E.V.) nicht hartnäckig Wäster- und Möhnetal gemieden, wäre manches sicher anders gekommen. So aber wurde die WLE zu einem der größten nichtstaatseigenen Schienenverkehrsunternehmen, die auch heute noch bestehen.

Hilfe zur Selbsthilfe war der Auslöser für die Gründung der Warstein-Lippstadter Eisenbahn-Gesellschaft. Nachdem die Cöln-Mindener Eisenbahn (CME), 1847 eröffnet, entgegen den Hoffnungen der Region am Hellweg einen nördlicheren Verlauf über Hamm und Bielefeld genommen hatte, sahen sich zunächst Paderborn und Lippstadt am Ziel ihrer Wünsche, als Preußens König Friedrich Wilhelm IV. am 4. Juli 1846 der »Cöln-Minden-Thüringer Verbindungs-Eisenbahn-Gesellschaft« die Konzession zur *»Ausführung der Eisenbahn von der Churfürstlich Hessischen Landesgrenze in der Richtung über Paderborn und Lippstadt«*[1] erteilte. Die ebenfalls beantragte *»Conzession für die Fortsetzung der Bahn von Lippstadt über Soest nach Hamm zum Anschluß an die Cöln-Mindener Eisenbahn«* behielt sich der Monarch jedoch noch vor.[2] Die Lippstädter, die es geschickt verstanden hatten, die eigentlich kürzere Verbindung über Erwitte zu verhindern, sahen ihre Ziele allerdings akut gefährdet, als 1849 das Arnsberger Komitee *»für die Führung der Westphälischen Eisenbahn durch das Ruhr- oder Möhnetal«*[3] eine Deputation nach Berlin entsandte. Die Stadt Lippstadt wandte sich umgehend an das zuständige preußische Ministerium für Handel, Gewerbe und öffentliche Arbeiten. Unter Hinweis auf den Staatsvertrag vom 20. Dezember 1841, der unter anderem die Streckenführung innerhalb des preußischen Hoheitsgebiets vorsah, führten Magistrat und Stadtverordnetenversammlung aus: *»Insbesondere darf die Stadt Lippstadt, welche vor wenigen Jahren als künftiger Angelpunkt der Cöln-Mindener und der Verbindungsbahn angesehen wurde (...) jetzt, da sie im Begriff ist, mit Einwilligung seiner Durchlaucht des Fürsten zu Lippe als seitherigen Mitlandesherrn, eine ganz Preußische Stadt zu werden, der väterlichen Obhut der Preußischen Staatsregierung dahin vertrauen, dass nicht bei Aufnahme unserer Stadt in den alleinigen Preußischen Staatsverband alle Hoffnungen auf Hebung des Verkehrs vom Preußischen Gouvernement durch Entziehung der Eisenbahnverbindung vernichtet werden.«*[4] Schon am 29. November 1849 kam aus Berlin die Entwarnung. Die Verbindungsbahn wurde über Lippstadt und Soest nach Hamm gebaut und 1850 eröffnet.

Für die Unternehmer aus dem Raum Warstein, die wegen der für sie vorteilhafteren Linienführung das Arnsberger Eisenbahnkomitee unterstützt hatten, brachen schwierige Zeiten an. Die Wettbewerbsnachteile gegenüber der an der neuen Eisenbahn ansässigen Konkurrenz machten vor allem den Steinbrüchen und den Hüttenwerken schwer zu schaffen. Firmenverlegungen waren die Folge. Die Situation änderte sich auch nicht grundlegend, als 1871, nur 13 km südlich Warsteins, die Obere Ruhrtalbahn ihren Betrieb aufnahm. Dem ur-

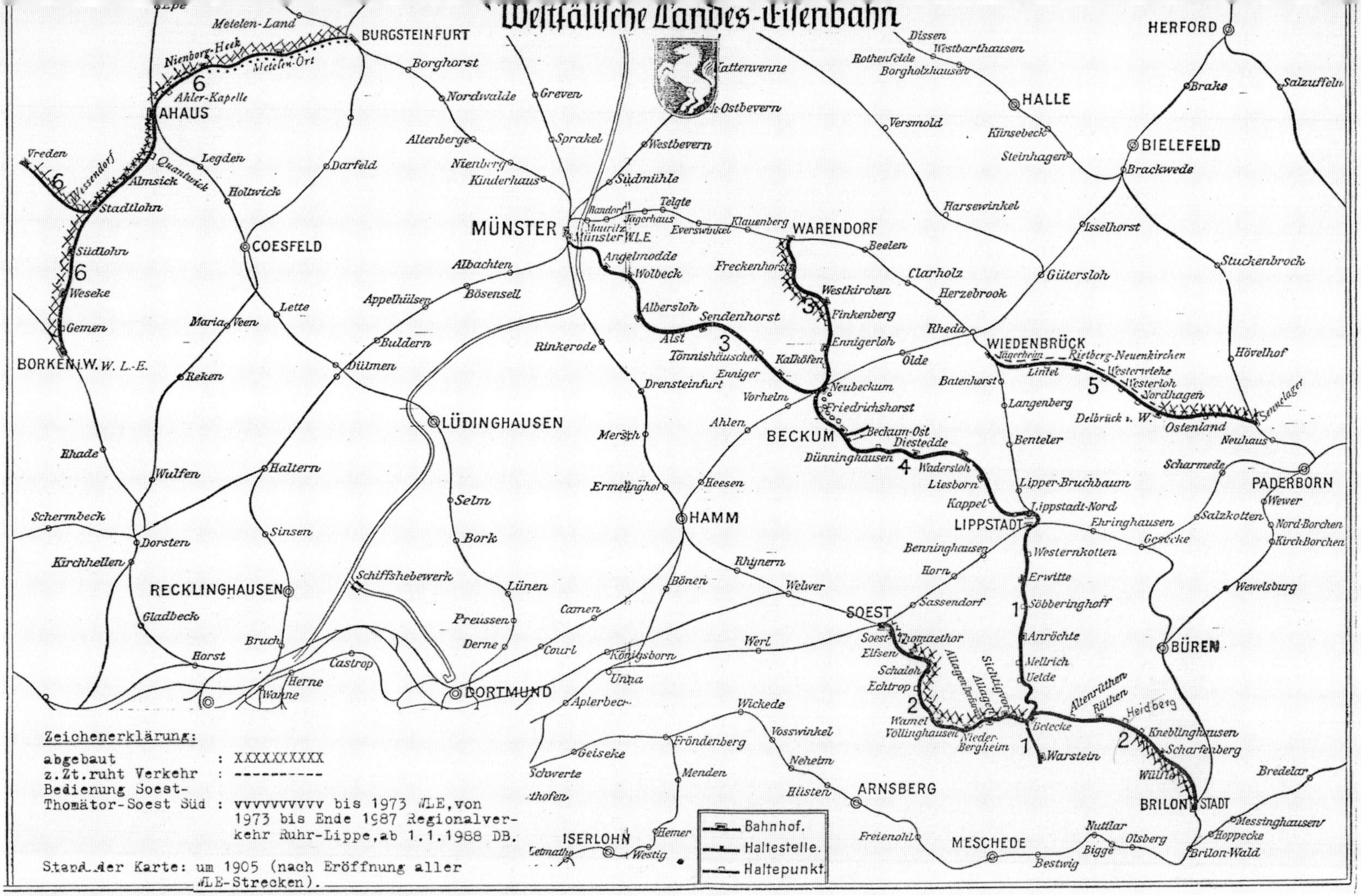

Das Netz der Westfälischen Landes-Eisenbahn (WLE): Die Strecken Wiedenbrück–Sennelager und Burgsteinfurt–Stadtlohn–Borken/Vreden hatten keine direkte Verbindung zur Stammstrecke der WLE. Abbildung: Sammlung F. Risse

Wenige Monate nach der Eröffnung der Strecke Lippstadt–Neubeckum versammelte sich ein Teil des Personals samt Familien des Bahnhofs Lippstadt-Nord zum Erinnerungsfoto vor dem Empfangsgebäude. Foto: WLE-Archiv

alten Handelsweg, an dem auch Lippstadt liegt und dem noch heute die Bundesstraße 55 folgt, stellt sich nämlich unmittelbar im Süden Warsteins der Stimmstamm als beachtliches Sauerländer Berghindernis vor dem Ruhrtal in den Weg, während nördlich Beleckes der Haarstrang das Möhnetal von Börde und Lippeniederung trennt. So blieben die Fuhrwerkstransporte von und zur Bahn für die Warsteiner nicht nur im Winter ein mühseliges Unterfangen. Mehrfache Versuche, Wäster- und Möhnetal ans bestehende Eisenbahnnetz anzubinden, scheiterten in der zweiten Hälfte des 19. Jahrhunderts. Auch dem Plan, zwischen Warstein und Soest eine Pferdebahn zu bauen, war zum Glück für die Rosse kein Erfolg beschieden. Erst als der Industrielle Wilhelm Bergenthal, Kommerzienrat und Warsteiner Magistratsvertreter, die Initiative ergriff, wendete sich das Blatt.

Gemeinsam mit seinem Sohn Ewald, dem Inhaber der Warsteiner Firma Gabriel & Bergenthal, sowie Friedrich Uhlendorf, dem Direktor des Warsteiner Gruben- und Hüttenvereins, und dem Sparkassenrendanten Hegemann betrieb Wilhelm Bergenthal mit Energie und Einfallsreichtum den Anschluß Warsteins an den eisernen Weg. Als er 1877, der Hinhaltetaktik Preußens überdrüssig, im Berliner Ministerium erbost äußert, *»dann bauen wir die Bahn selbst«*[5], konstituiert sich das Quartett alsbald als provisorisches Bahnbaukomitee. Schon im Juli 1878 legen die WLE-Vorkämpfer in ihrer *»Denkschrift über die Anlage und Ren-*

Um 1900 entstand dieses Bild im Bahnhof Anröchte. Dreiachsige Tenderloks, die im Wesentlichen der preußischen T 3 entsprachen, wickelten in den Anfangsjahren der WLE den Betrieb auf der Strecke Lippstadt–Warstein ab. Foto: WLE-Archiv

Der Bahnhof Warstein besaß nach der Erweiterung ein repräsentatives Empfangsgebäude, das um 1910 die Kulisse für dieses Bild abgab. Auf dem Dach der T 3 (rechts) sind deutlich die Rollen für die Heberlein-Seilzugbremse zu erkennen. Foto: WLE-Archiv

Auch die WLE blieb von Unfällen nicht verschont: In der Nähe von Warstein Eisenhammer kippte eine T 3 mit ihrem Zug um. Für die Kinder war dies natürlich eine willkommene Abwechselung.
Foto: WLE-Archiv

tabilität der Warstein-Lippstädter Secundär-Bahn« konkrete Vorschläge einschließlich zweier Pläne des Breslauer Ingenieurs Thiele vor.[6] Nach anfänglichem Zögern erwärmt sich auch Lippstadt für das Projekt, sieht seinerseits die Möglichkeiten einer Weiterführung der Bahn in den Raum Rheda/Gütersloh.[7] Die Warsteiner vergewissern sich derweil der Unterstützung der Stadt Soest für die alternative Verbindung Warstein – Soest. Als sich im Provinziallandtag in Münster jedoch 1880 eine Mehrheit für die Verbindung Warstein – Lippstadt abzuzeichnen beginnt[8], ist die Vorentscheidung gefallen.

Eisenbahn-Direktor Friedrich Samuel Schönfeld hatte maßgeblichen Anteil am wirtschaftlichen Erfolg der WLE. Foto: WLE-Archiv

Der nicht ganz uneigennützigen Unterstützung der Provinz Westfalen, immerhin Eigentümer der an der projektierten Bahnlinie gelegenen Belecker Steinbrüche, gewiß, beantragt das von der am 27. Oktober 1878 in Anröchte gegründeten »Warstein-Lippstadter Eisenbahn-Gesellschaft« bestellte Komitee am 17. Dezember 1881 die Konzession zu Bau und Betrieb einer normalspurigen Eisenbahn von Warstein nach Lippstadt.

Preußens König Wilhelm I. erteilte die Genehmigung *»zum Bau und Betriebe einer für den Betrieb mittelst Dampfkraft und für die Beförderung von Personen und Gütern im öffentlichen Verkehre bestimmten, den Bestimmungen der Bahnordnung für deutsche Eisenbahnen untergeordneter Bedeutung unterworfenen Bahn von Warstein*

Zur Feier des 50-jährigen Bestehens der WLE 1933 hatten die Eisenbahner des Bahnhofs Lippstadt-Nord das Empfangsgebäude prächtig herausgeputzt. Den Güterwagen hinter der T 3 hingegen hatte schon seit Wochen niemand mehr gereinigt.
Foto: WLE-Archiv

In Lippstadt hatte die WLE 1898 ihre Hauptwerkstatt errichtet. Dort warteten um 1935 mehrere Lokomotiven und Wagen auf eine Ausbesserung.
Foto: WLE-Archiv

nach Lippstadt« am 24. März 1882[9]. Wilhelm I. verfügte zugleich: *»Die Gesellschaft bildet sich unter der Firma »Warstein-Lippstadter Eisenbahn-Gesellschaft« und nimmt ihr Domizil und den Sitz ihrer Verwaltung in Lippstadt«*. Dabei ist es bis heute geblieben.

Während die Gründung als Aktiengesellschaft betrieben wurde, die Anteilseigener, neben der Provinz Westfalen, den beteiligten Städten und Gemeinden sowie Firmen auch zahlreiche Privatleute, noch Kapital zeichneten, begannen bereits die Bauarbeiten. Zwar wurde das auch in Berlin ruchbar, wo man im zuständigen Ministerium noch auf den Nachweis der AG-Eintragung ins Handelsregister sowie auf die Bauanträge wartete, doch muß wohl Minister Maybach nach jenem aufschlußreichen Briefwechsel vom Juli 1882[10] ein Auge zugedrückt haben. Jedenfalls hatte der Baubeginn im Mai 1882, *»obwohl die Genehmigung der für Ausführung auf freier Strecke geltenden Pläne erst Anfangs Oktober eintraf«*[11], weder für die ausführende Berliner Firma Sönderop & Cie. noch für die ungeduldigen west-

Die WLE-Hauptwerkstatt war jeweils in einen Bereich für Lokomotiven und Wagen unterteilt. In der sogenannten Abteilung Waggonbau herrschte um 1935 Hochbetrieb.
Foto: WLE-Archiv

Viel zu tun gab es 1938 für die Rangierlok im Bahnhof Warstein. Bemerkenswert sind der eingleisige Lokschuppen in der Bildmitte und das ungwöhnliche Stellwerk rechts daneben.
Foto: WLE-Archiv

fälischen Eisenbahn-Enthusiasten negative Folgen.

In nur knapp achtzehnmonatiger Bauzeit stellte das Berliner Eisenbahnunternehmen die eingleisige, 30,88 km lange Normalspurstrecke von den Warsteiner Steinbrüchen bis zum Staatsbahnhof Lippstadt an der mittlerweile von der K.P.E.V. betriebenen Verbindungsbahn fertig. Eine gewaltige Leistung menschlicher Arbeitskraft, denn technische Hilfsmittel standen den Baukolonnen praktisch nicht zur Verfügung. Nach der landespolizeilichen Abnahme am 27. Oktober 1883 wurde die Strecke am 1. November 1883 offiziell eröffnet. Mit einem B-Kuppler, der 1882 bei Hohenzollern gebauten »Möhne«[12], zwei C-Kupplern, der »Warstein« und der »Lippstadt«, 1883 von Henschel gefertigt, sechs geschlossenen und 26 offenen zweiachsigen Güterwaggons sowie vier Personenwagen betrieb zunächst Sönderop & Cie. im Auftrag der Warstein-Lippstadter Eisenbahn-Gesellschaft die neue Strecke. Zum 1. April 1886[13] übernahm die WLE selbst die betriebliche Führung und mit ihr auch den Eisenbahn-Ingenieur Samuel Friedrich Schönfeld, der von 1883 bis 1893 in einer Zwitterstellung als WLE-Betriebsdirigent und Sönderop-Generalbevollmächtigter tätig war. Als Betriebs-Direktor auf Lebenszeit angestellt[14], prägte Schönfeld bis zu seinem Tod am 10. Januar 1921, dem Tage der Vollendung seines 70. Lebensjahrs, das Erscheinungsbild der WLE nachhaltig.

Mit dem Tempo des Streckenbaus, dessen Kilometrierung von Lippstadt aus festgelegt wurde, hatte die Fertigstellung der Hochbauten nicht Schritt gehalten. Die Bahnhöfe Warstein, Belecke, Uelde, Anröchte und Erwitte, dazu wenig später die Haltepunkte Mellrich, Söbberinghof und Westernkotten lösten erst in den Folgejahren die ursprünglichen Provisorien von 1883 ab. Im Staats- und Übergabebahnhof Lippstadt erhielt die WLE einen eigenen Bahnsteig, der noch heute als südlichster der DB-Station existiert.

Zu den betrieblichen Besonderheiten dieser ersten WLE-Strecke gehört neben dem Schrägaufzug in Warstein, dessen Reste noch zu erkennen sind, vor allem der selbst jetzt noch gelegentlich erforderliche Schiebedienst, denn

Erst 1949 durfte die WLE in Münster Hauptbahnhof einfahren. Die Eröffnung des Verbindungsgleises zwischen WLE und Staatsbahn wurde im Mai 1949 groß gefeiert. Foto: WLE-Archiv

Schon Ende der 20er-Jahre setzte die WLE bei der Rationalisierung ihres Reiseverkehrs auf Triebwagen. Um 1950 steht der DT 11 in der Hauptwerkstatt Lippstadt. Foto: WLE-Archiv

Für den Eilzugbetrieb auf der Verbindung Münster–Lippstadt–Warstein kaufte die WLE 1953 zwei zweiteilige Triebwageneinheiten bei der Waggonfabrik Uerdingen. Die Fahrzeuge überzeugten durch ihren Komfort und ihre Geschwindigkeit.
Foto: WLE-Archiv

Bis 1949 endeten die Personenzüge der WLE in Münster Ost. Reisende, die mit der Staatsbahn weiter wollten, mussten zu Fuß zum Hauptbahnhof laufen.
Foto: WLE-Archiv

bis zum Brechpunkt in Höhe von Drewer hat es die Strecke mit Steigungen bis 1:50 in sich. Von Belecke aus ist auf 2,8 Streckenkilometern eine Höhendifferenz von 47 m zu bewältigen. Der in engen Serpentinen aus dem Möhnetal bis zur Haarhöhe bewerkstelligte Aufstieg hat diesem Streckenabschnitt nicht von ungefähr den Namen »Westfälischer Semmering« eingebracht. Von Lippstadt her ist der Unterschied von 78,5 auf 303 m über NN zwar beträchtlicher, die Distanz mit 23,3 km aber ausreichend, um nach einer Streckenbegradigung 1968 erst hinter Gut Söbberinghof in weiten Kurven Höhe zu gewinnen. Mit der Streckenbegradigung und der Verlegung des Durchgangsgleises zwischen Söbberinghof und Erwitte auf die Westseite der B 55 und deren Umgehung Anröchtes ist ein Teil der niveaugleichen Bahnübergänge weggefallen. Doch noch immer kreuzt die WLE zwischen Haar und der Stadt Warstein insgesamt fünfmal diese Bundesstraße und passiert in Erwitte zudem niveaugleich die Kreuzung der beiden alten Heer- und Handelsstraßen, deren Verlauf B 55

In den 50er- und 60er-Jahren konnte die WLE auf ihre Dampfloks im Reisezugdienst noch nicht verzichten. Die Lok 0075, eine ehemalige preußische T 9.3, war hier zwischen Neubeckum und Warendorf unterwegs.
Foto: WLE-Archiv

Mit einem sehenswerten Personenzug fuhr am 3. April 1963 die Lok 121 in den DB-Bahnhof von Lippstadt ein. Am Bahnsteig stand bereits Expressgut für den Packwagen bereit.
Foto: R. Reimann/WLE-Archiv

und B 1 dort folgen. Von den unzähligen Straßen, Haus- und Hofeinfahrten ganz zu schweigen, die der Landes-Eisenbahn von Warstein über Belecke und Erwitte bis hinein nach Lippstadt das klassische Flair einer Bimmelbahn verleihen, ihr aber auch noch immer zwischendurch Geschwindigkeiten von 20 km/h und weniger aufzwingen.

Die noch junge Bahn prosperierte, baute bis 1903 ihr Streckennetz zielstrebig aus. Seitdem am 24. Juni 1887 die Staatsbahnstrecke von Lippstadt nach Rheda eröffnet worden war, bemühte sich die WLE, seit 1896 mit denselben Initialen als Westfälische Landes-Eisenbahn firmierend, um die Verlängerung der Stammstrecke Richtung Beckum und Warendorf sowie erneut um die Möhnetalbahn. Die Genehmigung für die Vorarbeiten traf aus Berlin 1892 ein. 1895 beschloß die Provinz Westfalen, sich mit einer Million Reichsmark an den Gesamtkosten von 2,2 Millionen zu beteiligen. Am 16. Dezember 1896 erteilte Preußens König die Genehmigung *»für die Ausdehnung ihres Unternehmens auf den Bau und Betrieb voll-*

Mit drei Personenwagen am Haken legte im Winter 1966/67 die Lok 0123 im Bf Westerkotten einen Zwischenhalt ein. Nur ein gutes Jahr später wurde die Maschine verschrottet.
Foto: WLE-Archiv

spuriger Nebeneisenbahnen von Beckum nach Lippstadt, von Soest über Belecke nach Brilon und von Beckum-Ennigerloh nach Warendorf«.[15] Am 10. Juli 1897 unterzeichnete schließlich Adolf Wilhelm Viktor zu Schaumburg-Lippe, Regent des Fürstentums Lippe, seinerseits die Genehmigung[16], da die projektierte WLE-Trasse auch durch sein Hoheitsgebiet verlief. Zuvor hatte Betriebs-Direktor Friedrich Schönfeld höchstpersönlich die Bedenken der im Stift Cappel bei Lippstadt lebenden Prinzessin Pauline zur Lippe zerstreuen müssen: Ihre Durchlaucht fürchtete nämlich, wegen der Bahn *»von Vergnügungsfahrten Richtung Lippstadt ganz absehen bzw. ihre Pferde überhaupt abschaffen zu müssen«.*[17]

Die Bauarbeiten an der Strecke Lippstadt – Beckum begannen am 22. März 1897. Fast zeitgleich fiel der Startschuß für die Einrichtung des Bahnhofs Lippstadt Nord, bis zu seinem Abriß im Herbst 1986 der wichtigste WLE-Bahnhof der Stammstrecke. Die Streckeneröffnung folgte am 20. Oktober 1898. Wenig später, am 15. Dezember 1898, war die Hauptwerkstatt an der Beckumer Straße in Lippstadt fertiggestellt. Bei den Anlagen im Lippstädter Norden profitierte die WLE von den Jahrzehnte zuvor zerstobenen Hoffnungen auf die Linienführung der Cöln-Mindener Eisenbahn über Lippstadt, wofür die Stadt eben jene Flächen zur Verfügung gestellt hatte. Um allerdings dorthin zu gelangen, mußte die Trasse in einem östlichen Bogen um die Stadt herumgeführt werden. Zu den betrieblichen Besonderheiten gehört bis heute, dass die WLE-Strecke im Hauptbahnhof Lippstadt die DB-Strecke kreuzt, um sodann, viele Jahre parallel zur Rhedaer Bahn, nach Norden und Westen umzuschwenken.

Während die Anbindung an die westfälische Hauptstadt Münster, von Beckum bis Neubeckum über Staatsbahngleise, erst zum 1. Oktober 1903 vollzogen war, wurde die Möhnetalbahn in zwei Teilstrecken, Belecke – Brilon-Stadt und Soest – Belecke, am 1. Dezember 1898 und am 1. Dezember 1899 eröffnet.

Zu diesem Zeitpunkt verfügte die WLE bereits über insgesamt 19 Tenderloks mit der Achsfolge Cn2, deren Gros von der Hohenzollern AG stammte. Sie alle trugen Namen, hauptsächlich der Städte entlang der WLE-Strecken. Mit dem Ankauf weiterer 15 Tenderlokomotiven, Achsfolge ebenfalls Cn2, aus der Borsigschmiede brach dieser Brauch 1901/02 ab. Damals führte die Gesellschaft auch an ihren Reisezügen anstelle der bis dahin üblichen Heberleinbremse die Luftsaugbremse des Systems Hardy ein.

Mit der Inbetriebnahme der Strecken Neubeckum – Ennigerloh (15. April 1899), Ennigerloh – Freckenhorst (20. Juli 1899), Freckenhorst – Warendorf (l. April 1901), Wiedenbrück – Sennelager (l. September 1902), Borken – Stadtlohn – Burgsteinfurt und Stadtlohn – Vreden (beide 1. Oktober 1902) sowie ein Jahr später Neubeckum – Münster wuchs das WLE-Netz auf stattliche 265 km, war jedoch, bezieht man den Staatsbahnabschnitt Beckum – Neubeckum mit ein, sogar viergeteilt. Das machte zusätzliche betriebliche Einrichtungen erforderlich, die sich im Laufe der weiteren Entwicklung allmählich negativ auf die Geschäftsbilanzen auswirken sollten. Mittelbare Folge: Bis auf die Stammstrecke Warstein – Lippstadt und deren Verlängerung über Beckum und Neubeckum nach Münster sowie einen kurzen, 500 m langen Abschnitt der Strecke Neubeckum – Warendorf und den Möhnetalbahnrest von Belecke nach Rüthen ist aus jener Expansionsphase nichts geblieben.

Fast 60 Jahre lang war allerdings von drohendem Rückgang nur wenig zu bemerken, obwohl die WLE schon 1925 mit ihrer Tochter, der Verkehrsgesellschaft Münsterland, später Kraftverkehr Westfalen, die erste Omnibuslinie eröffnete. Neue, stärkere Dampflokomotiven der 20er-, Achsfolge 1'Bh2, und der 30er-Serie, Achsfolge 1'Cl'h2, lösten zwischen den beiden Weltkriegen gemeinsam mit den jüngeren Cn2- und Cn2v-Maschinen der 50er-, der 60er- und der 80er-Serie sowie den Cl'n2v und Cl'h2-Loks der 90er-Serie die meisten der Uralt-C-Kuppier ab. Hinzu kamen mehrere starke Fünfkuppler, von der WLE als 101 bis 109 in den Triebfahrzeugpark eingereiht.

Bei der Personenbeförderung setzte die WLE bereits früh nicht nur ausschließlich auf ihre lokbespannten Züge. Schon im Sommer 1928 verkehrten auf der Sennebahn zwei Benzoltriebwagen. 1935/36 folgten auf der Stammlinie Warstein – Münster, seit 15. Mai 1949 dank eines Verbindungsgleises bis zum Hauptbahnhof, zwei WUMAG-Triebwagen mit Steuerwagen aus Görlitz, die als »Fliegende Beckumer« in die Annalen eingingen. Während die beiden WUMAG-Wagen 1953/54 noch zur Modernisierungskur bei MAN weilten, setzte die WLE zum vorerst letzten Mal im Reisezugverkehr Maßstäbe: Mit Beginn des Sommerfahrplans am 17. Mai 1953 verkehrten drei hochmoderne zweiteilige Triebwagengarnituren als Eilzüge auf der Strecke Warstein – Lippstadt – Münster. Die bei der Waggonbaufabrik Uerdingen in Auftrag gegebenen Fahrzeuge bestachen durch Komfort, Schnelligkeit und Aussehen. Im schmucken Dunkelrot mit silberweißen Zierstreifen und

In Wolbeck beschleunigte am 10.Oktober 1967 die Lok 0033 ihren kurzen Reisezug. Als vorletzte Dampflok der WLE schied die Maschine erst 1971 aus dem Betriebspark aus.
Foto: WLE-Archiv

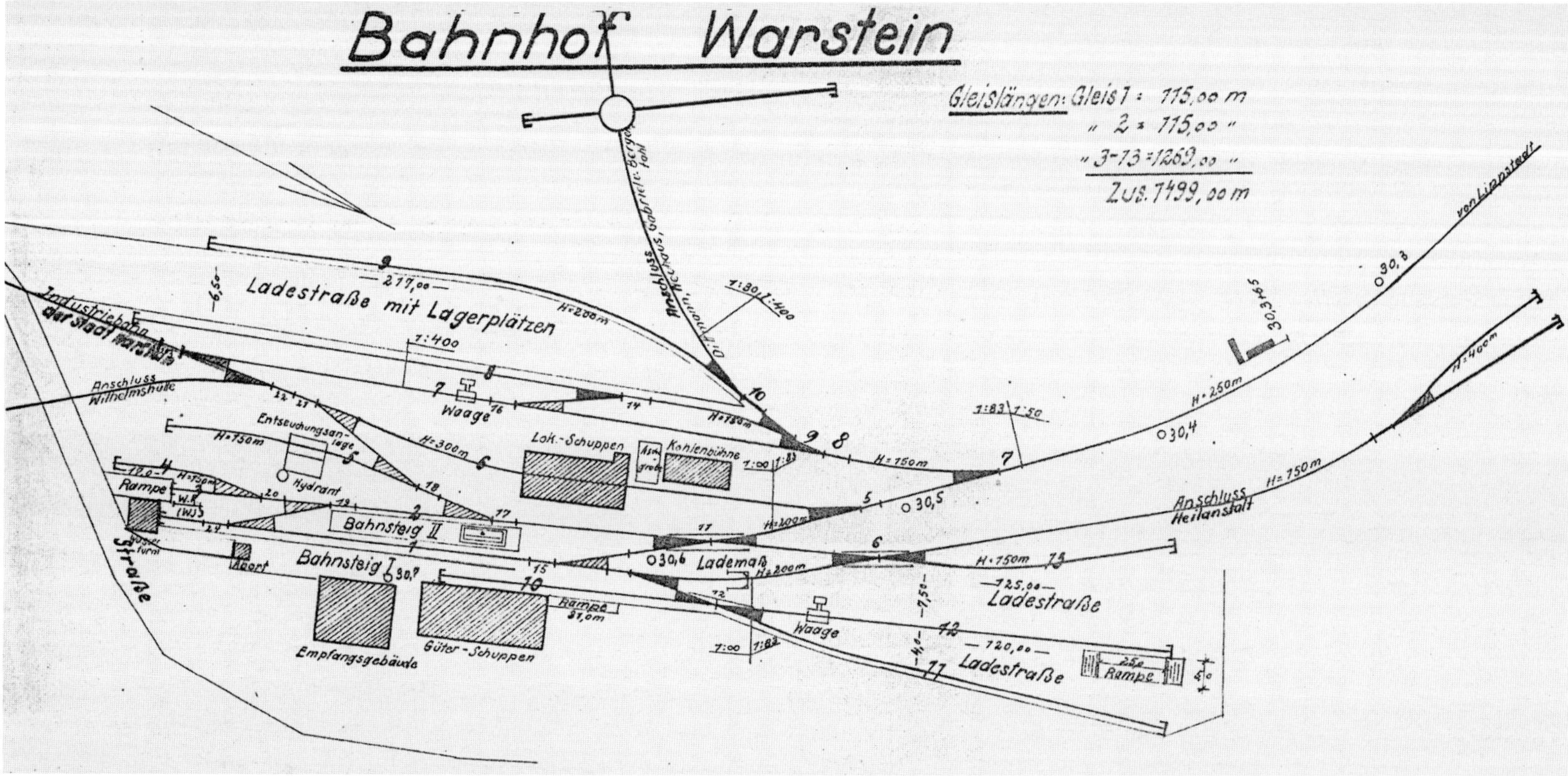

Gleisplan des Bahnhofs Warstein 1950. Abbildung: WLE-Archiv

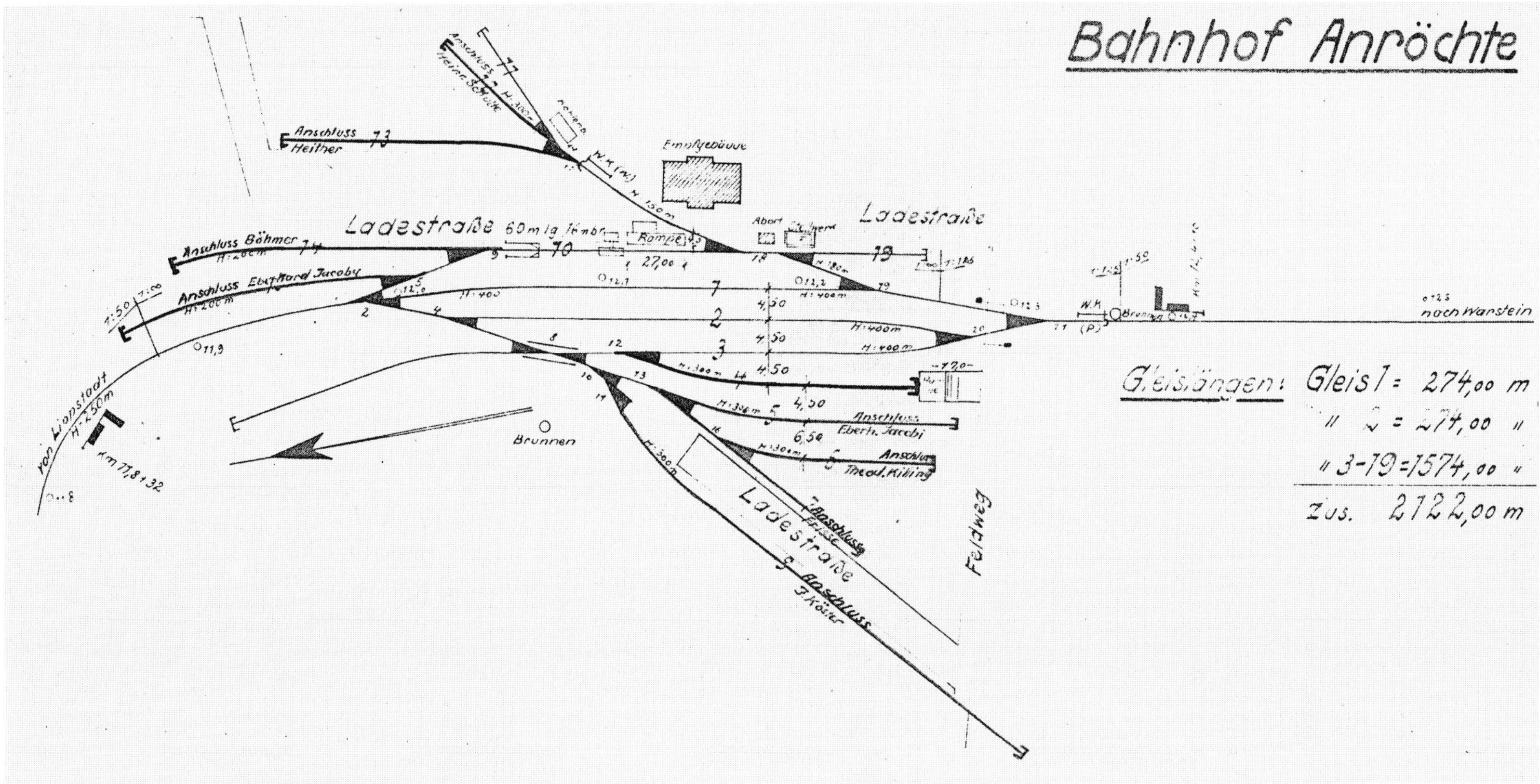

Gleisplan des Bahnhofs Anröchte 1950. Abbildung: WLE-Archiv

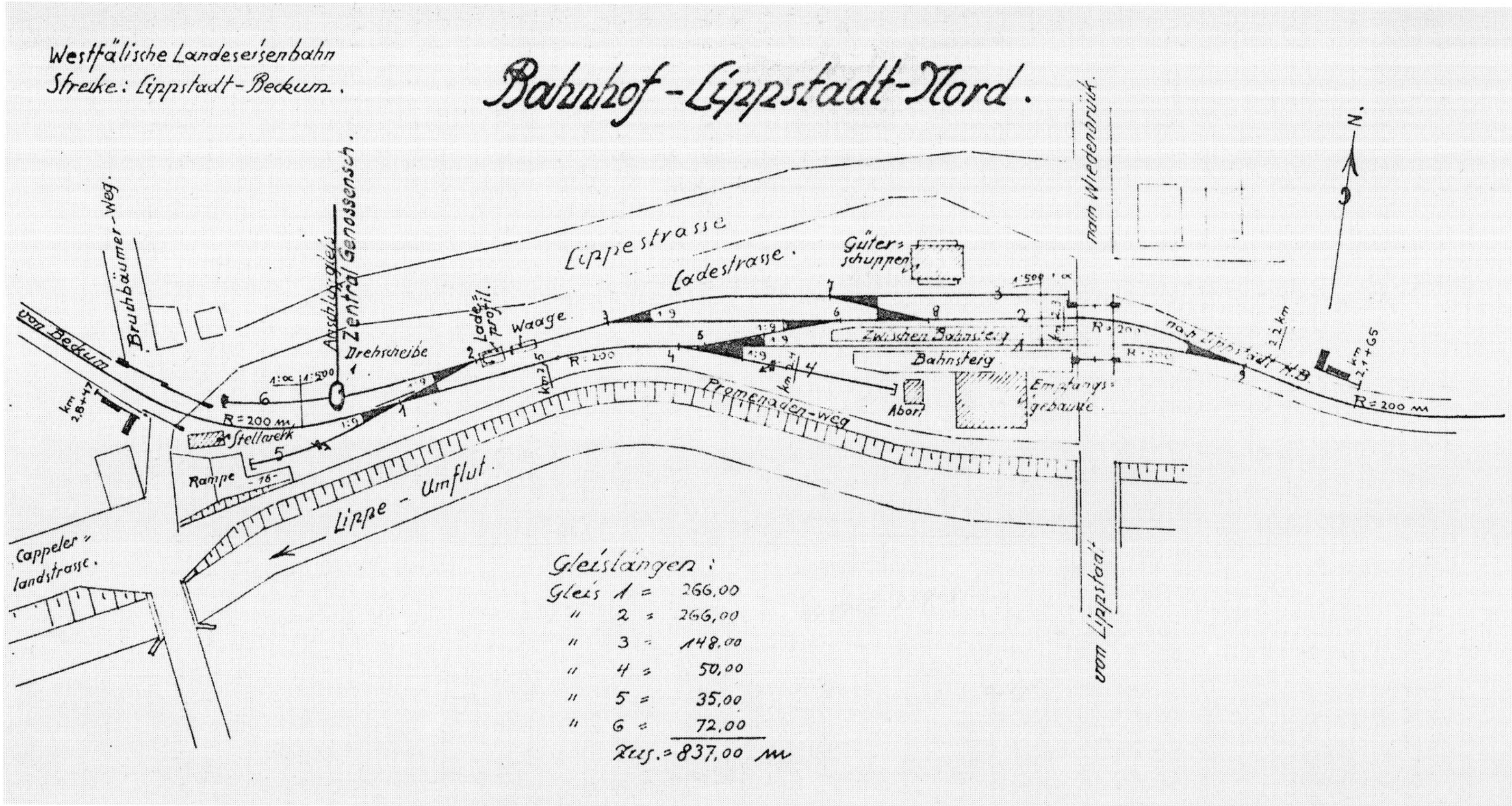

Gleisplan des Bahnhofs Lippstadt-Nord 1935. Abbildung: WLE-Archiv

großen Aussichtsfenstern bestimmten sie fortan das moderne Bild im WLE-Reiseverkehr. Wenige Monate vor der endgültigen Einstellung jedweden planmäßigen Personenverkehrs bei der WLE am 27. September 1975 verabschiedeten sich auch die Uerdinger aus Westfalen. Ihren letzten Planeinsatz erlebten die Triebwagen am 31. Mai 1975. Zusammen mit zwei der drei Steuerwagen nach Neapel verkauft, erfolgte die Überstellung als Sonderzug mit zwei Schutzwagen am 23. Juni 1975 via Kufstein und Brenner.

Zu diesem Zeitpunkt war der Traktionswandel bei der WLE schon seit drei Jahren komplett vollzogen. Als letzte Dampflok endete im Juli 1971 die 0122 unter dem Schneidbrenner. Die erste Diesellok hatte die WLE bereits 1935 beschafft, eine gebrauchte zweiachsige Deutz-Kleinlok mit einer Leistung von 30 PS. Die wesentlich stärkere dreiachsige Deutz-Diesellok, die 1938 angekauft wurde, gab nur ein kurzes Gastspiel. Sie kam 1940 in die Kieler Kriegsmarinewerft. Im Gegensatz etwa zur Lübeck-Büchener Eisenbahn (LBE) hatte die WLE die Verstaatlichungen des Dritten Reichs heil überstanden, wohl nicht zuletzt, weil die öffentliche Hand ohnehin Hauptanteilseigner war. Bei den Kriegsfolgen kamen die Westfalen nicht so glimpflich davon. Bei den verheerenden Luftangriffen auf Soest und Münster wurden nicht nur große Teile der betrieblichen Einrichtungen beschädigt oder zerstört, sondern befand sich unter den Toten und Verletzten auch manch Landes-Eisenbahner. Ab 1944 litt der Zugverkehr zudem zunehmend unter Tieffliegerbeschuß. Das erklärt auch die damals drastisch zurückgegangenen Transportleistungen im Güterverkehr. Als sich um die Ostertage 1945 im Raum Lippstadt/Brilon der sogenannte Ruhrkessel der Amerikaner schloss, Wehrmachtseinheiten die Bahnbrücken sprengten, stellte die WLE ihren Betrieb ein. Die ersten Züge fuhren ab 9. Mai auf notdürftig wiederhergestellten Gleisen, zum Teil noch im Inselbetrieb.

Obwohl auch nach dem Zweiten Weltkrieg noch etliche Dampfloks zur WLE kamen, darunter die vier betagten Schlepptender-Lokomotiven der Reichsbahn-Baureihe 55, zeichnete sich schon 1960 der allmähliche Traktionswandel ab: Zwar hatte die WLE in jenem Jahr noch 22 Dampfloks im Fahrzeugbestand, aber immerhin auch schon 13 Dieselloks, darunter bereits als erste zweimotorige die 1.600 PS Leistung abgebende VL 0631 von Klöckner-Humbold-Deutz (KHD).

Hatte die Landes-Eisenbahn zuvor im schweren Rangierdienst, aber auch vor Reisezügen Stangen-Dieselloks von MaK bevorzugt, so setzten die WLE-Verantwortlichen vor den schweren Steinzügen bis zum Ende der Fertigung bei KHD auf deren Maschinen. Als letzte dort gebaute Diesellokomotive übernahm die WLE 1982 von der Klöckner-Hütte in Bremen die Werklok 104 und reihte sie als VL 0640 in ihren Bestand ein. Mit ihrer Taufe auf den Namen »Warstein« wurde zum 100jährigen Bestehen der WLE die Tradition der Loknamen wieder aufgegriffen. Außerdem erfolgte in dieser Zeit die Umlackierung vom klassischen Blau mit gelben Zierstreifen ins offizielle Phönixrot, manche meinen auch zinnoberrotes Farbkleid, mit weißen Streifen. Im Dezember 1981 und im Januar 1983 schaffte das Unternehmen nach langjähriger Pause wieder zwei fabrikneue Dieselloks an: VL 0671 und VL 0672, bei Krupp-MaK in Kiel gebaut, wurden 1998 für den Einsatz auf DB-Gleisen mit Indusi ausgerüstet. Die auf die Namen »Lippstadt« und »Beckum« getauften Maschinen tragen nach der letzten großen Umzeichnungsaktion wie alle anderen im aktiven Bestand befindlichen WLE-Triebfahrzeuge nur noch die ursprünglich letzten beiden Ordnungsziffern, in ihrem Fall 71 und 72.

Nicht nur das Jubiläumsjahr selbst bot eigentlich wenig Anlaß zum Feiern. Seit 1979 ein Unternehmen unter dem Dach der Westfälischen Verkehrs-Gesellschaft (WVG), war die WLE angesichts der Straßenkonkurrenz immer

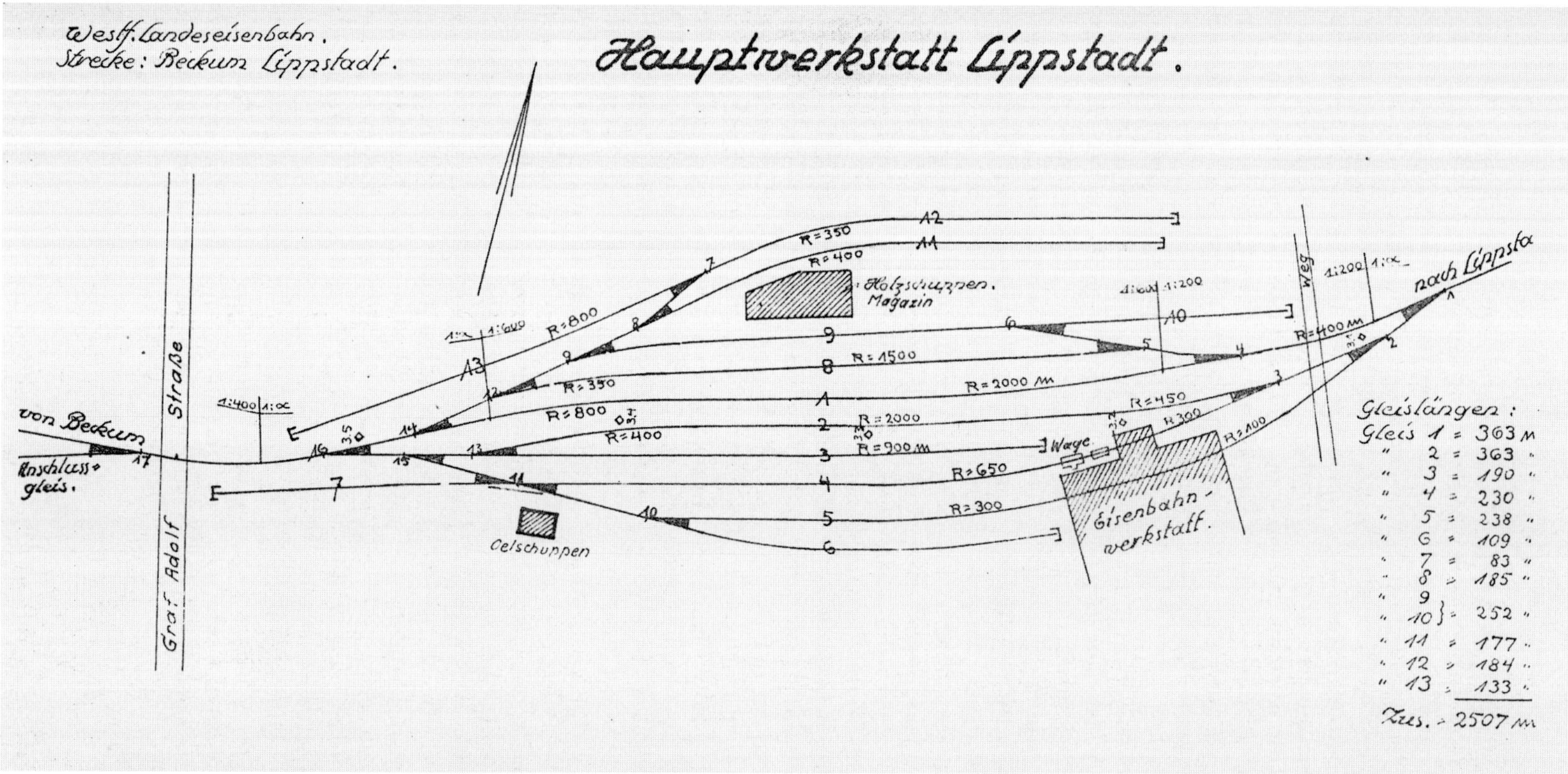

Gleisplan der WLE-Hauptwerkstatt in Lippstadt 1935. Abbildung: WLE-Archiv

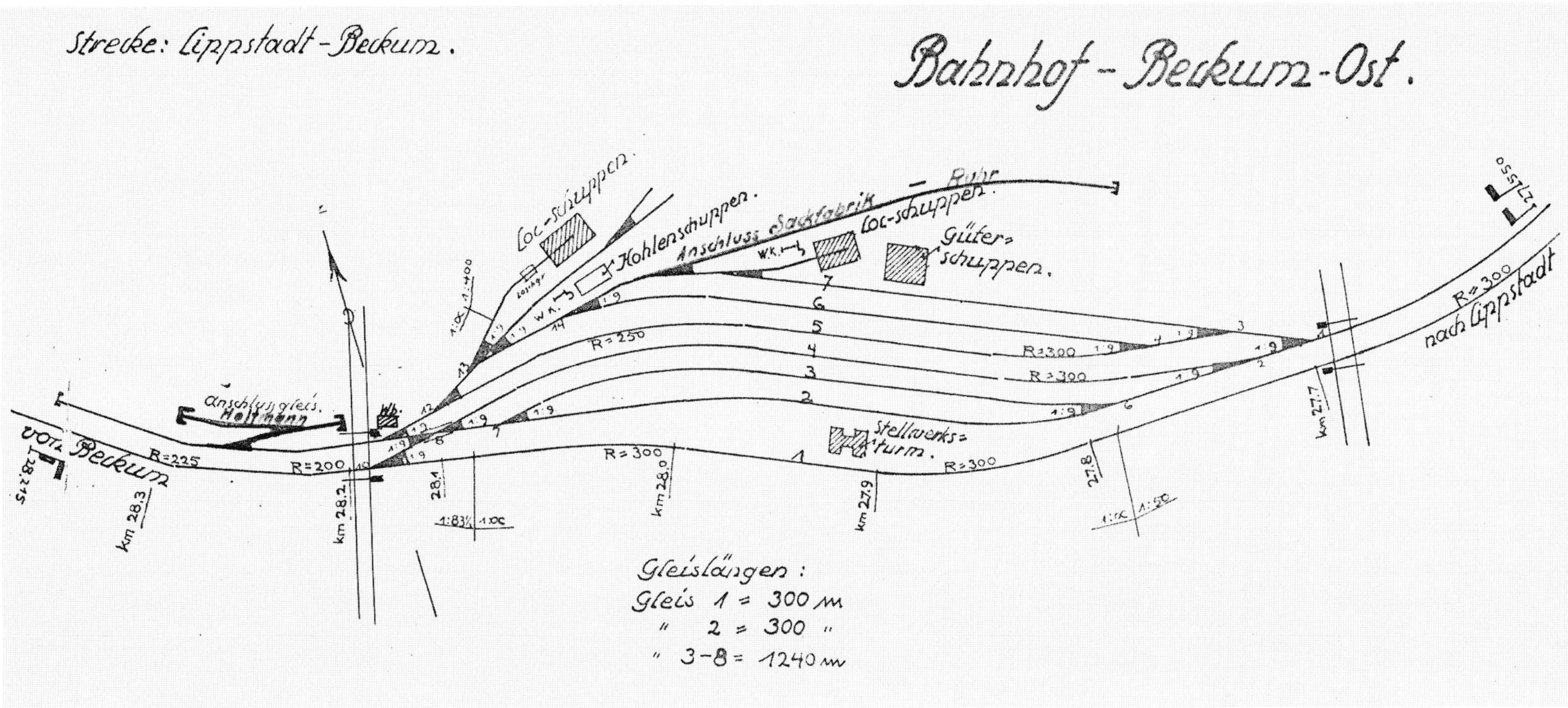

Gleisplan des Bahnhofs Beckum-Ost 1935. Abbildung: WLE-Archiv

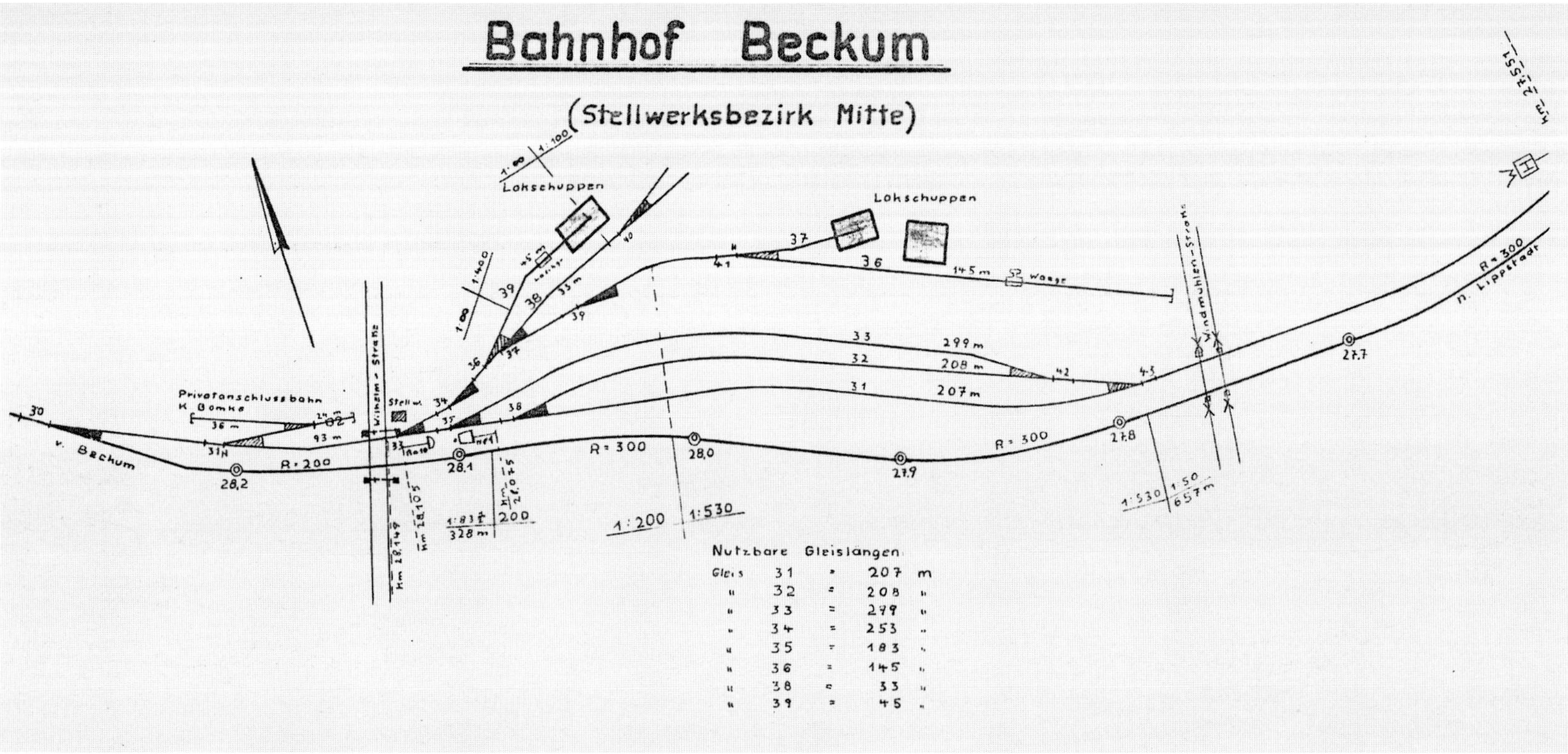

Gleisplan des WLE-Bahnhofs Beckum (vormals Beckum-Ost) nach 1960. Abbildung: WLE-Archiv

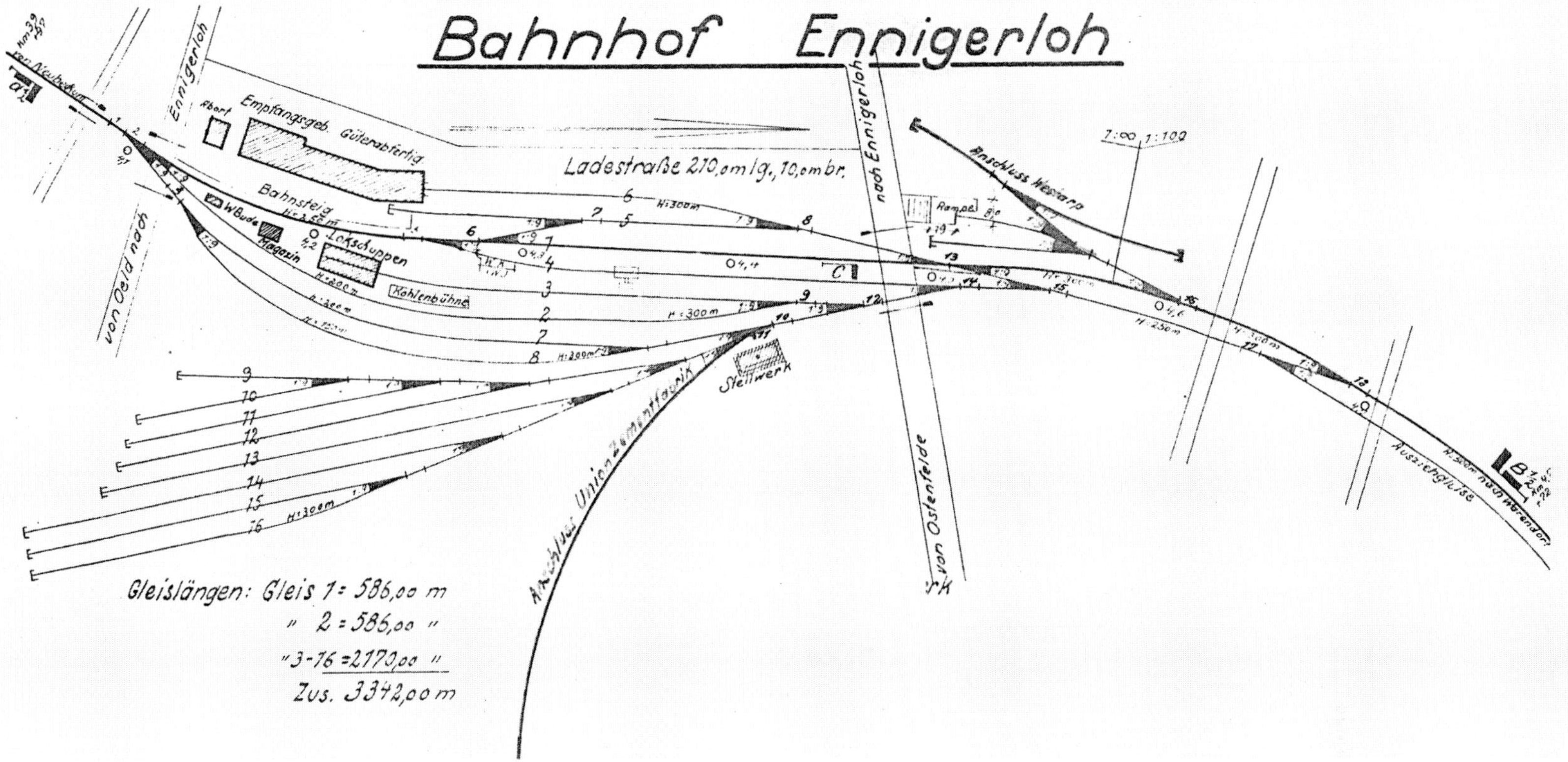

Gleisplan des Bahnhofs Ennigerloh. Abbildung: WLE-Archiv

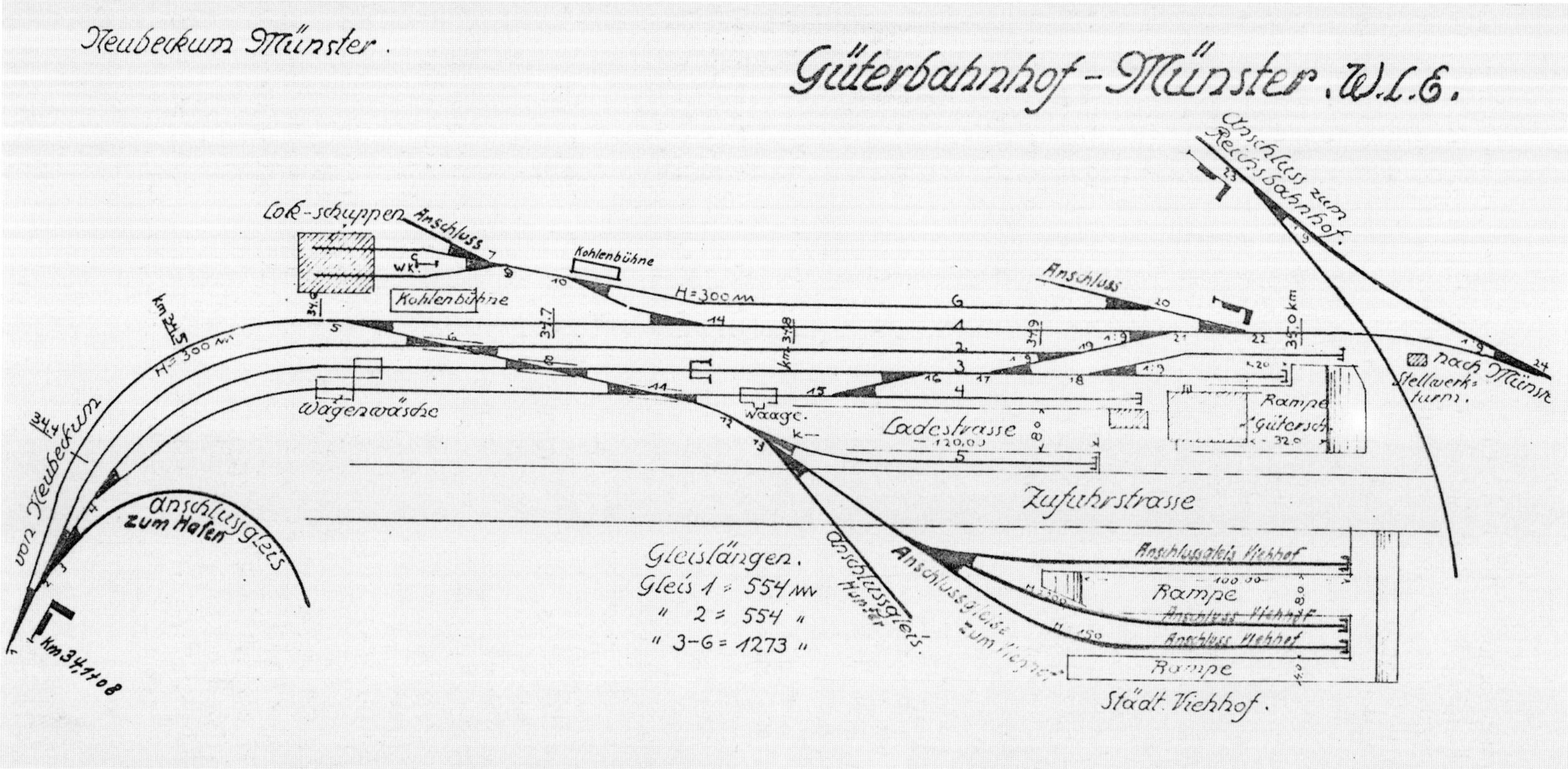

Gleisplan des Güterbahnhofs Münster der WLE ab 1950. Abbildung: WLE-Archiv

mehr ins Hintertreffen geraten. Schon 1981 und 1982 hatten die Anteilseigner, Anrainer-Kommunen und -Kreise, angesichts tiefroter Zahlen unüberhörbar gemurrt. Sogar eine Überschreibung an das Land Nordrhein-Westfalen wurde allen Ernstes diskutiert. Unter WVG-Direktor Helmut Eiliger und WLE-Direktor Josef Kückmann wurden zum Glück die richtigen Weichen gestellt, allerdings nicht ohne schmerzhafte Einschnitte in den Personalbestand. Es gelang, die Beckumer und Neubeckumer Zementfabriken von der Leistungsfähigkeit der Schiene zu überzeugen. Mit langjährigen Verträgen und Verlängerungsoptionen scheint der Weiterbestand der WLE ins dritte Jahrtausend gesichert. Überdies, geht alles nach Plan, könnten schon ab spätestens 2002 über einen neuen Gleisanschluß für die Warsteiner Brauerei Bierwaggons auf den WLE-Gleisen rollen. Seit die DB AG sich mit ihrem Güterverkehr mehr und mehr aus der Fläche zurückgezogen hat, ist die WLE auch mit ehemaligen DB-Kunden gut im Geschäft. Mit ihren Dieselloks 71 und 72 bedient sie Abnehmer und Lieferanten selbst im Ruhrgebiet. Und die Hauptwerkstatt Lippstadt ist seit Mitte der 90er-Jahre erfolgreich dabei, ihre Großdieselloks mit Caterpillarmotoren zu modernisieren. Diese erfüllen auch die Euronorm I und leisten so einen Beitrag zum Umweltschutz. Zwei jüngst zugekaufte Dieselloks sind derzeit ebenfalls in der Aufarbeitung. Die Hauptwerkstatt, die auf eine lange Tradition bei Umbau und Weiterentwicklung von Schienenfahrzeugen zurückblickt, arbeitet mit einer Belegschaft von heute nur noch 18 Mitarbeitern außerdem für andere Eisenbahnunternehmen Dieselloks auf und testet überdies Strömungsgetriebe für die deutsche Bahnindustrie.

Ob die WLE im Zeitalter des modernen Personennahverkehrs auf Schienen freilich auch den Reisezugverkehr wieder aufgreift, bleibt abzuwarten. Die von den Zweckverbänden durchaus gewünschte Wiederaufnahme auf der Stammstrecke Warstein – Lippstadt ist ohne milliardenschwere Investitionen nicht zu realisieren. Die nötige Infrastruktur fehlt, die Bahnhöfe sind längst verkauft und ohne Neutrassierung wären die heute erforderlichen Reisegeschwindigkeiten nicht zu erreichen. Anders verhält es sich auf der Strecke Neubeckum – Münster. Erstens ist dort der Güterverkehr mit maximal zwei Zugpaaren pro Tag nicht so dicht und zweitens hat die Strecke weniger Bimmelbahncharakter. Allerdings regt sich, forciert von einer Partei, Widerstand gegen entsprechende Pläne. Dass die WLE durchaus bereit wäre, auch im Personenverkehr wieder aktiv zu werden, bewies jüngst ihre Beteiligung an der Ausschreibung der sogenannten Westbahn. Allerdings erhielt sie dafür nicht den Zuschlag. Aber immerhin, ein Anfang ist gemacht.

1 Stadtarchiv Lippstadt, C67
2 ebd.
3 Stadtarchiv Lippstadt, D22
4 Schreiben vom 2. Oktober 1849, Stadtarchiv Lippstadt, D22
5 Zitiert nach Paul Wambach, Siegfried Binder: Mit Volldampf ins 20. Jahrhundert. 1883 – 1983: Einhundert Jahre Westfälische Landes-Eisenbahn, Bd. 1. Münster 1983, S. 6
6 WLE-Archiv
7 Stadtarchiv Lippstadt, E27
8 Handakte Bergenthal, Stadtarchiv Lippstadt, WLE-Akte 1043
9 Konzessions-Urkunde im WLE-Archiv
10 WLE-Archiv
11 Aus Bericht des Regierungs-Baumeisters Wulff in Erwitte bei der WLE-Generalversammlung am 28. Dezember 1882, WLE-Archiv
12 Erstmals erwähnt ebd.
13 Stadtarchiv Lippstadt, WLE-Akten 1044 u. 1065
14 Anstellungsvertrag im WLE-Archiv
15 »Konzessions-Urkunden«-Büchlein der WLE, gedruckt bei Vogel & Wirth in Lippstadt, Sammlung Haucke
16 ebd.
17 Brief des Assessors Heidsiek vom 3. Mai 1895, Stadtarchiv Lippstadt, WLE-Akte 1216

3

Kalkstein-Schotter für Roland

Bis zu elf Großgüter- und drei Nahgüterzüge sowie fünf Übergabe- und vier Lz-Fahrten täglich lasten die eingleisige Stammstrecke von Warstein nach Beckum aus. Mit einem der schweren Steinzüge, die seit der Inbetriebnahme der Gesamtstrecke anno 1898 Rückgrat der WLE sind, ist an diesem Morgen des 2. November 1998 auch Thomas Schürmann unterwegs. Seine Ladung aus der Abfüllanlage des Warsteiner Steinbruchs Köster: Kalkstein-Schotter für die rund 60 Streckenkilometer nördlich gelegene Zementfabrik Dyckerhoff in Beckum-Roland. 990 Tonnen, verteilt auf elf moderne vierachsige Fa-Waggons von Talbot, hat Lok 37 am Haken. Die 1970 bei Klöckner-Humboldt-Deutz (KHD) gebaute Maschine ist eine von zwei sechsachsigen Dieselloks der WLE. Sie kam wie ihre Schwesterlok 38 im Januar 1981 von der Dortmunder Hafen- und Eisenbahn-AG nach Lippstadt. Beide Maschinen erhielten 1997 in der WLE-Hauptwerkstatt Caterpillar-Motoren mit einer Leistung von 2.000 PS. Kein Wunder, dass Lokführer Schürmann für die Fahrt über den Westfälischen Semmering ohne Nachschub auskommt.

Punkt 9.09 Uhr erhält Schürmann über Funk freie Fahrt »bis Uelde, dort planmäßige Kreuzung mit Zug 15«. Der Lokführer bestätigt: »Zug 18, bis Uelde, dort planmäßige Kreuzung mit Zug 15«. Die Leitstelle befindet sich in Lippstadt, im WLE-Verwaltungsgebäude an der Beckumer Straße. Den Schrägaufzug bei den Warsteiner Eisenwerken, in den 60er-Jahren noch in vollem Betrieb, hinter sich lassend, vorbei an Bahnhof und Stellwerk Warstein – das nächste besetzte Stellwerk steht in Beckum – zieht die 118 t schwere Lokomotive mit kräftigem Wummern ihre Last hinaus ins Wästertal. Die leicht abschüssige Strecke folgt hier den Windungen eines uralten Handelsweges, heute die Bundesstraße 55. Seitdem die Zufahrt ins Gewerbegebiet endlich einen beschrankten Bahnübergang erhalten hat, ist wenigstens dieser Gefahrenpunkt beseitigt. Vor Belecke drosselt Schürmann das Tempo: »Hier sind nur 20 km/h erlaubt!« Wen wundert's? Hauseinfahrt an Hauseinfahrt quert das Gleis wie zu Bimmelbahnzeiten, und mehr als einmal läßt

**In Beckum-Roland wartet am 2. November 1998 die Lok 37 mit ihrem Güterzug, der mit Bruchkalk beladen ist, auf die Streckenfreigabe.
Foto: Haucke**

Der Arbeitsplatz auf der Lok 37: Von hier aus bedient der Lokführer die rund 2.000 PS starke Maschine, die auf Caterpillar umgerüstet wurde. Foto: Haucke

der Lokführer das Signalhorn ertönen. Vor und hinter dem ehemaligen Bahnhof Belecke mit Umfahrgleis kreuzt die Bahn niveaugleich die Bundesstraße, nicht zum letzten Mal.

Bis Oktober 1970 war Belecke Kreuzungsbahnhof. Für den Bau der Möhnetalbahn war 1898 die ursprüngliche Station eigens 100 m in Richtung Möhneaue verlegt worden. Rest dieser WLE-Strecke von Soest nach Brilon ist jetzt der Belecker Abzweig bis Heidberg. Der Prellbock steht aber schon 5,4 km vorher in Rüthen auf dem Gleis. Lang ist's her, dass durchs Möhnetal die langen WLE-Sonderzüge für Wintersportler bis nach Willingen im Upland dampften.

Kräftig brummt der Caterpillar-Motor, die KHD-Lok beginnt den Aufstieg auf die Haarhöhe. Die Barriere des Haarstrangs machte bis vor wenigen Jahren grundsätzlich – Ausnahme:

WLE-Lokführer Manfred Schempp entstammt einer alten Eisenbahnerfamilie. Foto: Haucke

Das Westfalenross prangt an den Führerständen der WLE-Dieselloks. Foto: Haucke

DE 0902 in den 70er-Jahren – den Einsatz nachschiebender Maschinen erforderlich. Innerhalb von nur 2,8 km ist bis zum Brechpunkt in Drewer ein Höhenunterschied von 47 m zu bewältigen. In Serpentinen gewinnt die Strecke Höhe, was diesem Abschnitt den Spitznamen »Westfälischer Semmering« einbrachte. Nur einmal spricht bei Lok 37 der Schleuderschutz an, dann ist der Brechpunkt, kurz darauf Uelde mit seinem Umfahrgleis, erreicht. Dank der EOW-Anlage ist die Begegnung mit Zug 15 Routine. EOW steht für »elektrisch ortsbedienbare Weichenstellung«.

Über Anröchte und Erwitte hinab ins Tal der Lippe kann es Schürmann nun richtig rollen lassen. Das 23,3 km entfernte Lippstadt liegt 224,5 mr tiefer als der Brechpunkt. Nur in den Ortsbereichen bremst der Lokführer, hat dabei immer die Lichtsignale im Blick: Weißes Blinklicht bedeutet gesicherte Übergänge – eine wichtige Information für den Mann im Führerstand, der schon bei Erreichen des Bahnhofs Erwitte mit Anschlußgleis für die ortsansässigen Zementwerke besondere Vorsicht walten läßt. Ähnlich wie in Belecke folgen in der alten Hellwegstadt Haus- und Hofeinfahrten in Menge. Den Auftakt macht ein Nadelöhr ersten Ranges: Zug 15 passiert die Kreuzung der Bundesstraßen 1 und 55.

Weiter geht's, fast schnurgerade nach Norden. Auf halbem Weg von Erwitte nach Lippstadt fährt Schürmann am Außenlager des Lippstädter Autozulieferes Hella vorbei. Das Großunternehmen verfügt lobenswerterweise über einen Gleisanschluß, der für regelmäßige Übergabefahrten genutzt wird. Während die B 55 im äußersten Süden Lippstadts als Um-

Auf Funkanweisung werden bei Dyckerhoff die Güterwagen langsam zum Entladen vorgerückt. Foto: Haucke

Bei der Zementfabrik Dyckerhoff ist eine Endstation für die Kalkzüge. Foto: Haucke

Seit Eröffnung der WLE spielen die Kalkstein-Transporte eine große Rolle. Für diese Aufgabe beschaffte die Bahngesellschaft bis 1953 spezielle Kippwagen. Foto: WLE-Archiv

gehungsstraße nach Nordosten abschwenkt, folgt die WLE-Strecke der Erwitter Straße, über die früher auch der gesamte Durchgangsautoverkehr stadteinwärts floß. Zug 18 kreuzt Overhagener Straße und Weingarten. Auch damit die Anwohner bei spätabendlichen Fahrten nicht aus den Betten fallen, bedarf es einer regelmäßigen Oberbauinstandhaltung des für Achslasten von 22 Tonnen ausgelegten Gleises. Die nächste Sanierung war für das Jahr 2000 angesetzt.

Bevor Zug 18 im Lippstädter Hauptbahnhof die DB-Strecke Dortmund–Kassel niveaugleich kreuzt, legt sich die schwere Lok 37 am ehemaligen WLE-Bw, jetzt Lokdepot, in die enge Kurve nach Osten. Seit Aufgabe der Streckenverbindung Belecke–Soest-Thomätor befindet sich hier im Lokdepot an der Stirper Straße die einzige Drehscheibe der WLE. Seit der DB-Güterbahnhof gegenüber, jenseits der Durchgangsstrecke, aufgelassen ist, bedient die Landes-Eisenbahn neue Kunden, fährt mit ihren auf

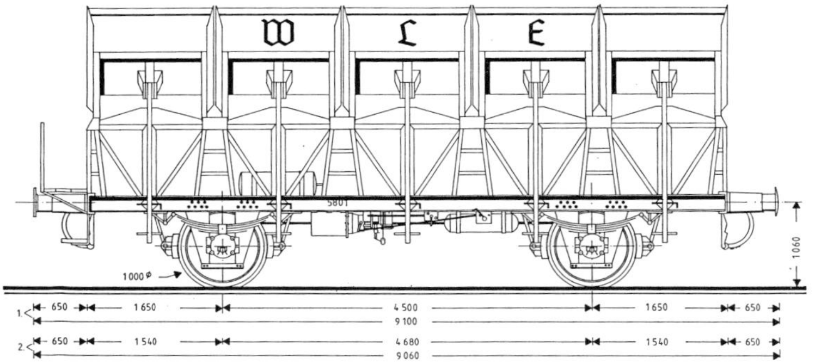

Zwischen 1950 und 1953 stellte die WLE die Kippwagen mit den Betriebsnummern 5801–5867 in Dienst. Zeichnung: F. Risse

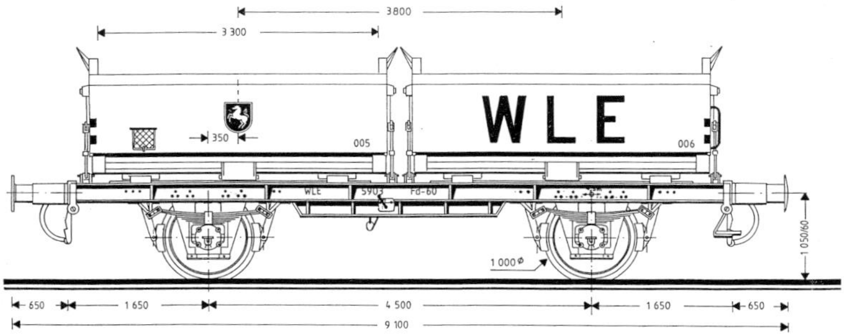

Die Zweiseitenkippwagen mit den Betriebsnummern 5901–5954 baute die WLE-Hauptwerkstatt zwischen 1960 und 1962 auf alten Untergestellen auf. Zeichnung: F. Risse

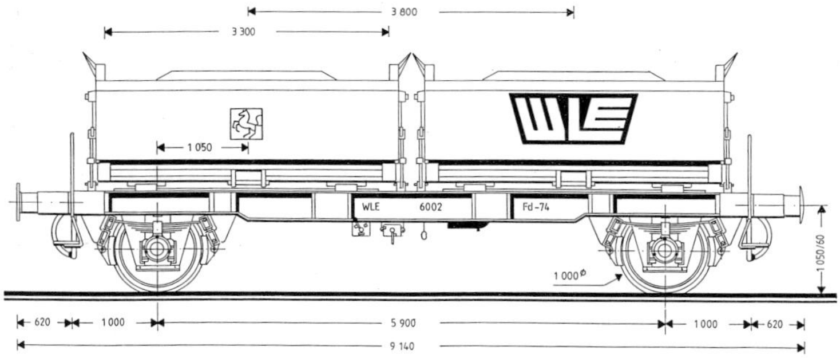

Lediglich drei Exemplare beschaffte die WLE 1974 von diesem Zweiseitenkippwagen. Sie wurden mit den Betriebsnummern 6001–6003 in den Fahrzeugpark eingereiht. Zeichnung: F. Risse

DB-Gleisen zugelassenen vierachsigen Dieselloks 71 und 72 bis ins Ruhrgebiet.

Schürmann wartet vor dem DB-Hauptsignal auf die Weiterfahrt durch den Lippstädter Hauptbahnhof: »Dank uns haben die DB-Stellwerker hier immer noch zu tun!« Das Lichtsignal springt um auf freie Fahrt, der Zug ruckt an, durchfährt den Bahnhof, von dessen anschließendem ehemaligen Reichsbahn-Bw längst nichts mehr zu erahnen ist, kreuzt die zwei Gleise der DB-Hauptstrecke, um hinter der Unionstraße auf dem WLE-Gleis nach Nordosten zu schwenken. Bis 1950 verliefen hier Staatsbahn- und WLE-Gleise parallel und überwanden die Lippeaue auf nebeneinander gebauten Brücken. Die sogenannte Rhedaer Bahn war am 24. Juni 1887 eröffnet worden, über elf Jahre vor dem Weiterbau der WLE-Stammstrecke

Im Juni 1960 stellte die Hauptwerkstatt der WLE mit dem Wagen Nr. 5901 den ersten Zweiseitenkipper fertig.
Foto: WLE-Archiv

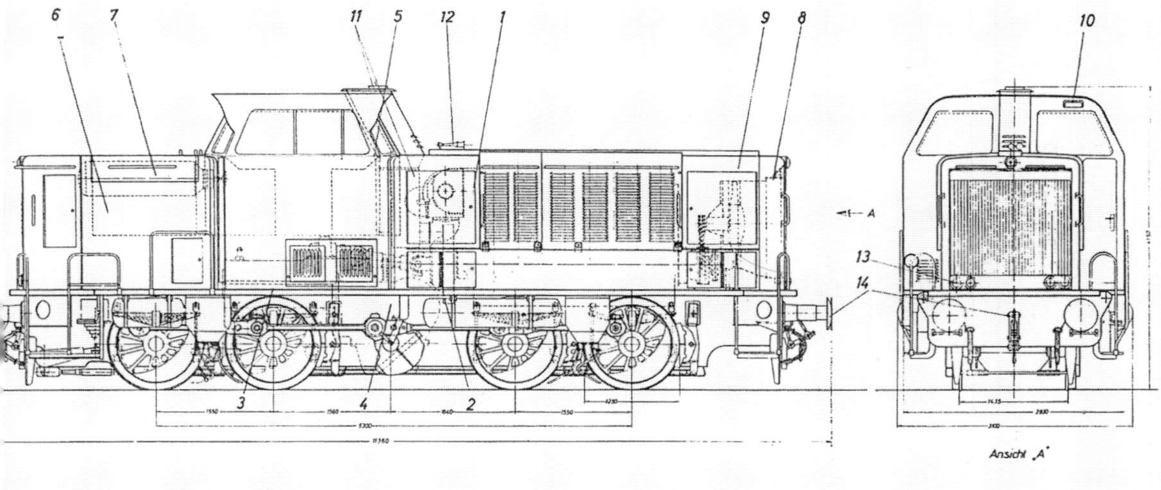

Für ihre schweren Steinzüge mußte die WLE entsprechend motorisierte Dieselloks beschaffen. Die vierachsigen MaK-Maschinen 0641–0643 und 0651 kaufte die WLE 1962.
Zeichnung: Slg. Risse

bis Beckum. Ostern 1945 hatte die Wehrmacht die Staatsbahnbrücke gesprengt, die WLE-Brücke schwer beschädigt. Die WLE-Brücke wurde schon kurz nach Kriegsende notdürftig repariert, bis 1950 dann auch von der jungen Bundesbahn mitbenutzt. 1950 erfolgte die Erneuerung der DB-Brücke; gleichzeitig wurde das WLE-Gleis kurz vor der Esbecker Straße in das DB-Gleis verschwenkt und auch hinter der Brücke wurde die WLE-Strecke angeschlossen. Seither benutzten beide Bahnunternehmen ab dem Lippstädter Bahnhof nur noch das WLE-Gleis. Das Staatsbahngleis wurde zum Anschlußgleis für die Westfälische Metall-Industrie (WMI), das Hella-Hauptwerk. 1957 baute die Bundesbahn das Anschlußgleis bis zur WMI ab, die Anschlußweiche wurde in das WLE-Gleis verlegt. Seither sind die Bahnübergänge Weißenburger und Rixbecker Straße nur noch eingleisig.

Lok 37 donnert mit ihrer Last über die Lippebrücke, die die WLE 1987 von der Bun-

Im Mai 1973 belud man im Steinbruch Köster in Warstein gerade einen Kalkzug. Die Anlage war die gleichzeitige Beladung zweier Zweiseitenkippwagen ausgelegt.
Foto: WLE-Archiv

Der Wagen Nr. 5934 wurde 1965 in den gierigen Schlund des Steinbrechers in einem Zementwerk entladen.
Foto: WLE-Archiv

desbahn erwarb. Als 1965, vier Tage vor Beginn der Sommerferien, Altstadt und Norden Lippstadts im Hochwasser versanken, war hier die reinste Seenplatte. Nur Teile des Bahndamms ragten noch aus den Fluten. Allmählich schwenkt die Bahnlinie nach Westen. In Höhe des Friedhofs und unmittelbar hinter dem Bahnübergang an der Lipperoder Straße teilt sich die Strecke. Nach rechts zweigt hier der Rest der Staatsbahnstrecke ab. Seit am 30. November 1979 der Personenverkehr nach Rheda eingestellt ist und bis März 1985 die Gleise bis Langenberg abgebaut wurden, dient der Ast nur noch als Anschlußgleis der Schnappsbrennerei Kisker, bedient von der WLE. Auch das soll nach Schließung der Firma Kisker schon im Jahr 2000 Geschichte sein.

Wenn die Zugkraft einer Maschine vor den schweren Güterzügen am »Westfälischen Semmering« nicht ausreichte, setzte die WLE Schubloks ein. Foto: WLE-Archiv

Der Steinzug nähert sich derweil dem ehemaligen Bahnhof Lippstadt-Nord, bis zu seinem Abriß 1986 zwar längst nicht der größte, mit der nur wenige 100 Meter entfernten Hauptwerkstatt aber betrieblicher Mittelpunkt der WLE. Kaum zu glauben, dass auch nach der Einstellung des Personenverkehrs am 27. September 1975 hier noch vor weniger als 20 Jahren reger Betrieb herrschte. Ein stattliches Empfangsgebäude, ein Seiten-, ein Mittelbahnsteig, Güterschuppen, Ladestraße, Gleiswaage, Viehrampe, Abstellgleise, Drehscheibe und Stellwerk gehörten zum Bahnhofsareal. Vorbei sind die Zeiten, als noch manch Lippstädter in der Bahnhofsgaststätte genüßlich seine Berliner Weiße schlürfte. Vorbei sind auch die Zeiten, als noch auf der von Hand zu bedienenden Drehscheibe Waggons fürs und vom Kornhaus bewegt wurden. Vorbei ist auch der Muskelschmalz fordernde Dienst der Landeseisenbahner auf dem Stellwerk mit Kurbel- und Hebelbank. Rudolf Hänsel war einer von ihnen. Ab und an besucht der Oberbetriebsmeister und Stellwerker im Ruhestand noch seine einstige Wirkungsstätte, denn das heute unter Denkmalschutz stehende Stellwerk und das Durchgangsgleis, wenn auch abschnittsweise um einige Meter nach Norden versetzt, sind alles, was vom Bahnhof Lippstadt-Nord blieb. Auch der Schlachthof visavis, der für regen Umschlag auf der Viehrampe sorgte, existiert längst nicht mehr. Neben der Bahn brandet der Straßenverkehr auf der Nordtangente, vorbei am Cappeltor, wo noch vor zwölf Jahren gleich vier Straßen auf den Bahnübergang mündeten, »mit dem zweitlängsten Schrankenbaum Deutschlands«, erinnert sich Hänsel noch lebhaft an einstige Kurbelplackerei. Von seinem hohen Posten hatte der Stellwerker den gesamten Bahnhofsbereich unter Kontrolle. Er war Herr über zwei Fahrstraßen, je ein Bereitstellungs-, Lade- und Freiladegleis sowie den Pri-

Jahrelang bewährten sich die von Klöckner-Humboldt-Deutz gelieferten zweimotorigen Maschinen im Güterzugdienst bei der WLE. Die VL 0631 verkaufte die Bahn 1986 nach Italien. Foto: WLE-Archiv

vatanschluß des Kornhauses samt Drehscheibe, Elektrische Antriebe? Fehlanzeige! Um per Drahtzug über mehrere 100 Meter Signale und Weichen von der Hebelbank aus stellen zu dürfen, mußte man schon ordentlich zupacken können. Dass es zeitweilig genau 13 Hebel für zehn Weichen, eine Doppelkreuzungsweiche und die beiden Fahrstraßen waren, hat Hänsel und seine Kollegen nie gestört. Die Sicherungsanlagen lieferte einst die Firma Carl Stahmer aus Georgsmarienhütte-Oesede. Die technische Ausstattung samt Drahtspannwerk und Umlenkrollen im Stellwerksuntergeschoß ist enthalten.

Gedacht war das gesamte Gelände ursprünglich einmal für die Köln-Mindener Eisenbahn (KME). Am 9. November 1841 hatte die Stadt Lippstadt mit der Rheinischen Anlagegesellschaft zum Bau der Rhein-Weser-Bahn Köln–Minden einen Vertrag abgeschlossen und für den gedachten Bahnhof ein Areal *»vor dem Cappelthore«*[18] zur Verfügung gestellt. Die Pläne zerschlugen sich, die KME nahm bekanntlich den Weg über Hamm nach Minden.

Mittlerweile hat Schürmann den Bahnübergang Bastionstraße hinter sich gelassen und das immer noch weitläufige Betriebsgelände der Hauptwerkstatt mit der Verwaltung erreicht. Linker Hand warten WLE-Loks und -Wagen sowie auch eine Gastmaschine auf Aufarbeitung. Rechter Hand träumen auf einem Abstellgleis einige sogenannte Omis, von WLE und Orenstein & Koppel entwickelte Fünfmulden-Kipper, und einige der von WLE und WUMAG gemeinsam entwickelte Zweiseitenkippwagen der Gattung Fd 60, vor sich hin. Sie gehören zur taktischen Reserve, die noch aus 19 von einst 68 beziehungsweise 17 von ursprünglich 83 derartiger Waggons besteht.

Die Hauptwerkstatt, seit ihrer Einrichtung Ende 1898 für die Instandhaltung des gesamten WLE-Fuhrparks zuständig, war immer schon mehr als ein reiner Reparaturdienst. Ehe sich die Fachleute an der Beckumer Straße an praxisorientierte Umbauten der Triebfahrzeuge machten und mit der Bahnindustrie gemeinsam Muldenkipper und Seitenentlader weiterentwickelten, hatte sich die Hauptwerkstatt schon einen Ruf als Umbauspezialist für preiswert erworbene Altwaggons verschafft. Bis zum Zweiten Weltkrieg war die WLE so regelmäßiger Kunde bei der Berliner Firma Erich am Ende, eine erste Adresse für den Handel mit gebrauchtem Schienenfahrzeugmaterial. Die teils mehrfach umgebauten und häufig auch einer anderen Nutzung zugeführten Personen- und Güterwagen ließen schon manch nach dem Ursprungszustand Forschenden schier verzweifeln. Der 1939 von dem Berliner Unternehmen gelieferte Salon-L-Wagen war da eher noch ein leichterer Fall: Der ehemalige Speisewagen des kaiserlichen Hofzuges, Baujahr 1890, zuletzt als Mitropa-Speisewagen eingesetzt und zunächst schon bei Erich am Ende umgebaut, wurde als 1.-Klasse-Wagen der Gattung BCi 4 ab 1943 mit der Betriebsnummer 253 eingereiht, wurde 1950 in 2253 umgenummert und zweimal modernisiert. Da wären etwa die anno 1912 von der Waggonfabrik Uerdingen angekauften sechs Salon-L-Wagen, die bis zum Ende des Personenverkehrs 1975 im Einsatz waren: Die gebrauchten Dreiachser, Baujahr 1904, waren von Hause aus Liegewagen. Nach dem Umbau erhielten die BCi die Betriebsnummern 161 bis 166, später 221 bis 226. Aus Wagen 225 wurde 1954 der VZ 1502 mit Postabteil und 34 Sitzplätzen, vier Jahre später VB 1601 ohne Postabteil, dafür mit 50 Sitzplätzen. Und zu den bekannten vierachsigen Personenwagen mit Mitteleinstieg, die von der Wilhelmshavener Vorortbahn stammten, gesellte sich mit dem Ende der Dampflokzeit bei der WLE ein Packwagen der besonderen Art: Da die in den 50er-Jahren zur Landes-Eisenbahn gekommenen Mitteleinstiegswagen mit Dampf geheizt wurden, baute die Hauptwerkstatt den ausrangierten Packwagen flugs in einen Dampfwaggon um mit Stromgenerator, ölgefeuertem Dampfkessel, Heizöl- und Wassertank. Bedient wurde dieser Heizkesselwagen von einem Beimann.

Nach Passieren der Hauptwerkstatt und der letzten Handweichen des Areals nähert sich Zug 18 hinter dem Bahnübergang Graf-Adolph-Straße dem Hella-Nordwerk. Hier zweigten einst unter anderem Anschlußgleise zur Papierfabrik und zur Strumpffabrikation, sowie am Waldschlößchen vorbei zur WMI-

Die Warsteiner Eisenwerke unterhielten einen Schrägaufzug, der im November 1962 noch in Betrieb war.
Foto: Sammlung F. Risse

Galvanik ab. Auch davon ist nicht viel geblieben.

In einem weiten Bogen hat Schürmann mit seinem Zug Lippstadt nun umrundet. Hinter Cappel geht es jetzt stetig bergan wieder Richtung Norden. Die ehemaligen Bahnhöfe Liesborn und Wadersloh bleiben zurück. Diestedde wird passiert. Dessen Bahnhof wurde bereits 1982 abgerissen. Richtung Beckumer Berge führt jetzt die Strecke: Die Steigung im Dünninghauser Busch hat schon manch Lokführer-Neuling unterschätzt, vor allem im feuchten Herbst, wenn das Laub die Schienen bedeckt. Doch Schürmann versteht sein Handwerk. Die ersten Zementwerke kommen in Sicht. Der Haltepunkt Westfalia, früher Beckum-Ost Personenbahnhof, erfuhr einst sogar die Aufwertung zum Bahnhof. Bahnsteig und Wartehalle sind längst verwaist.

Beckum ist erreicht mitsamt der spektakulären Hauspassage, wo der Zug zwischen zwei Häusern hervor unmittelbar Bahnübergang und anschließenden Bahnhof erreicht. Neben dem echten WLE-Bahnhof Beckum, früher Beckum-Ost Güterbahnhof, betreibt die Landes-Eisenbahn auch 700 m weiter den Bf Beckum, gepachtet noch von der Bundesbahn. Von hier bis Neubeckum gehören auch die 5,9 km eigentlich der DB, sind aber ebenfalls zwecks Lückenschlusses der Strecke bis nach Münster durch die WLE angepachtet. Von Neubeckum mit seinem Gleisdreieck, auf dem noch immer gedreht werden kann, über Enniger, Tönnishäuschen, Sendenhorst, Alst, Albersloh, Wolbeck, Angelmodde, Gremmendorf und den ehemaligen Endpunkt Münster Ost erreicht die bis heute betriebene Verlängerung der Stammstrecke seit 1949 Münster Hbf. In der heimlichen Hauptstadt Westfalens machten erst die Kriegszerstörungen möglich, was die WLE von Beginn an gefordert, die K.P.E.V., und hernach die Reichsbahn aber immer verhindert hatten, den direkten Anschluß für WLE-Reisende an die Staatsbahnverbindungen. Durchschnittlich zwei Güterzugpaare täglich lasten diesen 36,1 km langen Streckenabschnitt aber bei weitem nicht aus. Während in jüngster Zeit eine Wiederaufnahme des Personenverkehrs zwischen Beckum und Münster ernsthaft in Erwägung gezogen wird, hat die Zweigstrecke Neubeckum–Warendorf längst ausgedient. Auf der bis 1. April 1901 abschnittsweise eröffneten Verbindung wurde schon am 3. Juni 1956 der durchgehende Reisezugverkehr und zwischen Westkirchen und Warendorf auch der Güterzugverkehr eingestellt. Die Entbindung von der Betriebspflicht für den Güterverkehr auf dem verbliebenen, sechseinhalb Kilometer langen Teilstück bis Westkirchen erfolgte am 1. Juni 1973. Den Gleiskörper erwarb die Gemeinde Westkirchen. Er ging mit der kommunalen Neuordnung anno 1975 in den Besitz der Stadt Ennigerloh über. Ein Rad- und Wanderweg nutzt heute die ehemalige Trasse, beginnend etwa einen halben Kilometer hinter dem Zementwerk Anneliese I.

Für Zug 18 ist um 11.09 Uhr das Bestimmungsziel fast erreicht. Kurze Pause, dann rückt der Zug bis Beckum-Roland vor. Der Rangiermeister übernimmt an der Entladestation der Firma Dyckerhoff das Kommando. Waggon um Waggon entlehrt seine Last in den gierigen Steinbrecherschlund der Zementfabrik. Nach nicht einmal einer Dreiviertelstunde ist das Entladen beendet. Lokführer Schürmann setzt seine Maschine um und vor die elf jetzt leeren Waggons. Als Zug 19 geht die Reise zurück ins 60 km entfernte Warstein. Es wird schon fast dunkel sein, ehe Zug 19 nach Umsetzen der Lok durch Manfred Schempp im Warsteiner Bahnhof, zurückgedrückt bis in die köstersche Abfüllanlage, den Kreislauf als Zug 24 aufs Neue beginnt.

[18] Stadtarchiv Lippstadt, WLE-Akte 1043

4

Die Möhnetalbahn

»Sollte nämlich darauf bestanden werden, die Bahn über Soest nach Hamm zu führen, wegen des Anschlusses an die Münster-Hammer Bahn, so würde es doch im allgemeinen Interesse liegen, dieselbe nicht, wie beabsichtigt wird, über Lippstadt und Paderborn, sondern bei Rüthen und Brilon vorbei nach Warburg zu leiten«, sprach sich im September 1849 das Arnsberger »Comitée für die Führung der westphälischen Eisenbahn durch das Ruhr- oder Möhnethal«[19] vehement in seinem Sinne aus. Bereits vor Inbetriebnahme der Warstein-Lippstadter Eisenbahn stellten die Städte Brilon und Rüthen beim zuständigen preußischen Minister für öffentliche Arbeiten Anträge auf den Bau einer Eisenbahn von Belecke bis nach Brilon. Am 7. April 1883 beschied Minister Maybach beide Städte, Bau einer solchen Verbindung sei Sache der WLE.[20] Damit gaben sich die Antragsteller allerdings nicht zufrieden. Die in Brilon und Rüthen gegründeten Komitees mit dem Rüthener Amtsrichter Schwarze als Wortführer legten im April 1886 eine »Denkschrift die projectirte Secundärbahn Brilon–Belecke betreffend«[21] vor. Die WLE griff die Idee einer Möhnetalbahn von Soest über Belecke nach Brilon noch im ersten Jahrzehnt ihres Bestehens auf. Allerdings erwiesen sich die Verhandlungen mit der Stadt Soest als schwierig und zeitraubend, so dass eine erste ministerielle Genehmigung allgemeiner Vorarbeiten für die Strecke Soest–Belecke–Brilon erst 1892 erging.[22] Erst als die Anrainerstädte und -gemeinden sowie die Kreise Soest und Brilon, der Provinzial-Verband und Unternehmer sowie andere Privatleute am 5. Juni 1895 ein Aktienkapital von 3.424.000 Reichsmark gezeichnet hatten[23], und der Provinzial-Landtag die Beteiligung des

Eine Rangierpause nutzten die Eisenbahner im ersten Bahnhof Wamel 1899 für dieses Bild. Die Maschine rechts ist die Lok Nr. 6 »Louis Haniel«. Links steht die Lok Nr. 13 »Ruethen«. Foto: WLE-Archiv

In Niederbergheim genügte ein kleiner Anbau ans Empfangsgebäude als Güterschuppen (Zustand 1900). Foto: WLE-Archiv

Zu den wichtigsten Stationen der WLE gehörte der Bahnhof Soest Thomaetor. Das Empfangsgebäude (Zustand 1903) entstand im sogenannten WLE-Stil. Foto: WLE-Archiv

Provinzial-Verbandes per Beschluß vom 12. Februar 1896 abgesegnet hatte[24], nahm das Projekt wirklich konkrete Formen an.

Am 12. März 1896 beschließt die WLE-Gesellschafterversammlung neben der folgerichtigen Umbenennung in Westfälische Landes-Eisenbahn-Gesellschaft den Bau und Betrieb einer Eisenbahn von Soest über Belecke nach Brilon.[25] Am 16. Dezember 1896 unterzeichnet Preußens König Wilhelm I. die Konzessionsur-

In den neuen Bahnhof Wamel-Möhnesee lief um 1935 ein Personenzug aus Soest ein. Für die Wasserversorgung der Station hatte die WLE einen Wasserturm errichtet.
Foto: WLE-Archiv

Direkt neben der Straße lag der Haltepunkt Völlinghausen, wo ca. 1935 ein Reisezug hielt.
Am Schluss des ansonsten gattungsreinen Zuges läuft eine Donnerbüchse mit.
Foto: WLE-Archiv

kunde. Am 18. Mai 1897 beginnen die Bauarbeiten, zuerst auf dem Abschnitt Belecke–Brilon.[26] Das 25,2 km lange Teilstück von Belecke Rangierbahnhof bis Brilon Stadt wird am 1. Dezember 1898 eröffnet.[27] Eingedenk der damals noch strengen Winter nicht nur, aber besonders im Hochsauerland beeilt man sich, in Brilon einen Lokschuppen zu bauen. Die zweiständige Remise mit benachbarter Kohlenbühne wird 1899 fertig. Am 1. Dezember 1899 wird mit der Inbetriebnahme der Teilstrecke Belecke–Soest die Möhnetalbahn feierlich eingeweiht. Der Premierenzug, unter anderen gezogen von den Hohenzollern-C-Kupplern »Soest« und »Brilon«, macht mächtig Dampf und wird entlang der Strecke von Böllerschüssen und Musikkapellen begrüßt. Laut Festfahrplan[28] beginnt die Fahrt um 6.36 Uhr in Soest, Brilon ist um 9.55 Uhr erreicht. Auf die 54,2 km lange Rückfahrt geht es um 10.43 Uhr. Nach der Ankunft in Soest um 12.18 Uhr versammeln sich die Festgäste, unter ihnen die Bür-

Etwas außerhalb des Ortes lag der Bahnhof Sichtigvor. Dort fährt in den 30er-Jahren ein Güterzug ein. Foto: WLE-Archiv

Am 2. Dezember 1942 entgleiste die Lok Nr. 98 zwischen Sichtigvor und Allagen. Die Maschine wurde mit einem Dampfkran der Deutschen Reichsbahn erst im Frühjahr 1943 geborgen. Foto: WLE-Archiv

germeister der beteiligten Städte, im Blauen Saal des Rathauses. Mit der Möhnetalbahn verfügt die WLE nun neben Lippstadt und Beckum über einen dritten Anschluß an die Staatsbahn, allerdings noch bis 1957 ohne Verbindungsgleis, im Soester Hauptbahnhof. Eigenbetrieblicher westlicher Endpunkt der neuen Linie ist der Bahnhof Soest Thomätor, der sich in den Folgejahren zu einem Bahnhof mit angeschlossenem Bahnbetriebswerk mausern

Einen gepflegten Eindruck machte das kleine Empfangsgebäude in Scharfenberg. Das Schild unter dem Hirschgeweih trägt die Aufschrift »Sommerfrische Scharfenberg«. Foto: WLE-Archiv

Am Stellwerk des Bf Soest Thomätor vorbei rollte in den 30er-Jahren eine T 9.3 mit ihrem Reisezug. Die WLE rüstete ihre auf Heißdampf umgebauten T 9.3 mit einer Ventilsteuerung aus. Deshalb besaßen die Loks andere Zylinderblöcke als ihre Schwestern bei der Staatsbahn. Foto: C. Bellingrodt, Archiv Haucke

sollte. Der achtständige Lokschuppen mit Drehscheibe signalisiert den Bedarf auf der recht anspruchsvollen Strecke, die in stetigem Bergauf bis Brilon immerhin eine Höhendifferenz von 331 m zu bewältigen hat, für die WLE-Dampfrösser der ersten, zweiten und dritten Generation keine einfache Aufgabe.

Die Landes-Eisenbahn hatte übrigens Brilon eher erreicht als die Staatseisenbahn: Erst am 1. Juli 1900 wurde unter der Regie der Königlichen Eisenbahndirektion Kassel die Verbindung Brilon–Brilon Wald eröffnet. Der bis dato von der WLE verwaltete Bahnhof Brilon Stadt wurde am selben Tag an die Königlich Preußische Eisenbahn-Verwaltung (K.P.E.V.) übereignet.[29] Die Staatsbahn-Teilstrecke Brilon Stadt–Büren wurde sogar erst am 1. April 1901 dem Verkehr übergeben, während auf dem Abschnitt Paderborn–Büren schon seit dem 20. Oktober 1898 Betrieb herrschte. Damit war das wachsende WLE-Netz nach der Inbetriebnahme der Gesamtstrecke Neubeckum–Warendorf, ebenfalls am 1. April 1901, an fünf Stellen mit der Staatsbahn verknüpft.

Das Geschäftsjahr 1900/1901 bringt für das aufstrebende westfälische Eisenbahnunternehmen allerdings einen ersten Dämpfer: Der Geschäftsbericht weist erstmalig einen Verlust aus: 37.732 Reichsmark und 25 Pfennige stehen auf der Sollseite.[30] Als eine Ursache wird neben den sehr modern anmutenden Klagen über steigende Gehälter, kürzere Arbeitszeiten und steigende Preise bei den Betriebsstoffen ausdrücklich die schlechte Verkehrsentwicklung auf der Strecke Belecke–Brilon Stadt genannt. Zwar entspannt sich mit der Durchbindung bis Soest die Lage in den Folgejahren wieder, doch sollte das Verkehrsaufkommen, vor allem im Gütertransport, auf dieser WLE-Linie bis zu ihrem Ende immer hinter den Erwartungen zurückbleiben.

Über viele Jahre verkehren zwischen Brilon und Soest täglich fünf Personenzugpaare, aber lediglich ein Güterzugpaar. Der Knotenbahnhof Belecke macht seiner gewachsenen Bedeutung alle Ehre, denn die Personenzüge der Möhnetalbahn kreuzen mit den Gegenzügen sowie den Zügen aus Richtung Warstein und Lippstadt. Laut Fahrplan treffen sich am Zusammenfluß von Wäster und Möhne fünfmal täglich vier Züge. Drei Züge können gleichzeitig in die Station einfahren. Die Reihenfolge ist festgelegt und wird durch Einfahr- und Ausfahrsignale geregelt: Zuerst läuft der Zug aus Lippstadt ein, dann der Gegenzug aus Warstein. Es folgt der Zug aus Soest, während die Garnitur aus Richtung Brilon stets warten muß, bis der Zug aus Warstein Richtung Haar abgedampft ist. Rein theoretisch könnten die Loks und sogar sämtliche Züge in Belecke auch drehen, denn über den westlich vorgelagerten siebengleisigen Rangierbahnhof mit Ablaufberg war seinerzeit mit dem Bau der Möhnetalbahn ein Gleisdreieck entstanden. Praktisch machte das aber den ohnehin aufwendigen Betriebsablauf unnötig kompliziert. So fahren die Lo-

Die 1936 von der Berliner Verwertungsfirma Erich am Ende gekaufte Lok Nr. 75 verläßt mit einem Personenzug nach Brilon Stadt den Bf Belecke. Foto: WLE-Archiv

Am 28. Mai 1960 verkehrte der »Kiepenkerl« zum letzten Mal im Möhnetal. Hier legt die VT 95-Garnitur der DB in Rüthen einen Zwischenhalt ein.
Foto: WLE-Archiv

komotiven bis zum Ende der Dampfzeit eine Streckenrichtung mit Tender, die andere mit Esse voran, werden in Brilon, Warstein oder Lippstadt nur umgesetzt.

In den Wintern kommen seit den 20er-Jahren die WLE-Sonderzüge mit Skisportbegeisterten gen Hochsauerland und Upland hinzu. Im Sommer zieht das Möhnetal und der Luftfrischeort Wamel mit Strandbad zusätzliche Reisende in die WLE-Züge. Und zweimal im Jahr ist Donner-Tag auf dem WLE-Bahnhof Wamel: Baron von Donner, Junker aus Pommern und Herr des Jagdschlosses bei Wamel, gibt sich dann die Ehre, mit Gefolge per Sonderzug anzureisen. Wamels Kapital, die Lage, hat allerdings auch eine Kehrseite: Ab 1911 versinkt der Bahnhof samt allen Anlagen allmählich in den Wassern der neuen Möhnetalsperre. Auf Kosten des Ruhrtalsperrenverbands wird die WLE-Strecke am südlichen Hang der Haar neu trassiert. Wamels neuer Bahnhof entsteht direkt am See. Schon 1913 erhält der Bahnhof eine Wartehalle und Bahnsteigüberdachungen: Der stetig wachsende Ausflugsverkehr zum Möhnesee fordert diesen Komfort.

Stellvertretend für all die Unfälle und Unglücke, vor denen auch die WLE nicht gefeit war, und die nicht immer so glimpflich endeten wie in diesen beiden Fällen, seien zwei Ereignisse erwähnt, die sich auf der Möhnetalbahn zutrugen.

Am frühen Morgen des 2. Dezember 1942 ist WLE-Dampflok 98, 1926 bei Hanomag gebaut, mit Personenzug 32 am Haken von Belecke nach Soest unterwegs. Bahnmeister Oelrich mit seiner Rotte hockt im Packwagen, gleich hinter der Lok. An der Brücke über den dasselschen Werkskanal zwischen Sichtigvor und Allagen erhebt sich urplötzlich ein häßliches Kreischen, es rüttelt gewaltig, dann steht der Packwagen still. Nach dem ersten Schreck späht der Bahnmeister zur Waggontür hinaus: Die Lok ist verschwunden und der Packwagen steht irgendwie schief! Mehr ist im schwachen Zwielicht nicht zu erkennen. Doch dann macht Oelrich staunend die verschwundene Maschine jenseits des Kanals aus, auf der Seite in der sumpfigen Wiese liegend. Lokführer und Heizer schauen verdutzt aus dem Führerhaus, klettern dann vorsichtig nach draußen und stehen gestikulierend im Matsch.

Die eintreffenden Experten, erst die der WLE, dann jene der Aufsichtsbehörde, stehen vor einem Rätsel: Am Fahrwerk der Lok ist

Nach der Einstellung des Reiseverkehrs bediente die WLE die Strecke Belecke–Brilon Stadt noch im Güterverkehr. Am 15. Juli 1966 rangiert diese MaK-Stangendiesellok in Rüthen. Foto: W. R. Reimann/WLE-Archiv

nichts zu finden, ebensowenig bis zur Unfallstelle am Gleis, das erst im Vorjahr erneuert wurde. Bekannt ist nur, dass bei diesem Loktyp mit der Achsfolge Cl'h2 die Treibstangen ungewöhnlich kurz sind. Bei Drehlage nach unten oder oben können diese Treibstangen in extremen Situationen den Rädern starke Stöße oder Entlastungen verabreichen, wobei die angetriebene erste Achse entsprechend nach unten gedrückt oder nach oben gerissen wird und sich damit auch heben kann. Doch warum springt eine solche Lok, von der es bei der Landes-Eisenbahn zwei gab, bei gutem Gleis über einen Bach?

Erst Jahre später drang gerüchteweise bis zur obersten Betriebsleitung durch[31], dass der fragliche Lokführer wohl wenig behutsam mit dem Dampfregler umzugehen pflegte. Legte er den Regler schnell vor, konnte es zu einem Dampfstoß auf den Zylinder kommen. Der erste Treibradsatz bekam dann sein Teil ab und hob ab. So mochte es auch an jenem denkwürdigen 2. Dezember gewesen sein, dass dabei der Spurkranz die Führung im Gleisbogen verlor, und die Lokomotive mit einem Dienstgewicht von 59,7 t in der Kurve tangential abging. Ein Glück, dass sie dabei vom hohen Bachufer her auf die Wiese im Winterschlamm traf. So konnte sie sich bequem zur Seite legen, ohne sich und dem Personal Schaden zuzufügen. Glück war es auch, dass der von der ausbrechenden Lok zur Seite gerissene Packwagen auf dem Blechträger der Brücke entlangrutschte, statt mit voller Wucht auf den Brückenträger aufzuprallen.

Die Seitensprung-Maschine mußte übrigens bis zum nächsten Frühjahr auf der Wiese überwintern. Die notwendigen Hilfsmittel zur Bergung waren in jenen Kriegstagen nicht leicht zu beschaffen, zudem war die Strecke nicht zuletzt wegen kriegsbedingter Umleitungen mancher Reichsbahnzüge dicht belegt. Auch die behelfsmäßig wiederhergestellte Brücke mußte ersetzt werden. Erst im Frühjahr 1943 konnte die neue Brücke auf neuen Widerlagern eingeschoben werden.

Die Pufferbohle verkündet es: Als dieses Bild von der Lok 0031 auf dem Abfahrtsgleis der Rhedaer Bahn im Lippstädter Hauptbahnhof entstand, waren deren Tage gezählt. Laut Anschrift liefen die Fristen der Maschine am 18. September 1970 ab. Kurze Zeit später, 1971, wurde die Maschine verschrottet.
Foto: WLE-Archiv

Bevor die WLE 1953 ihre von der Waggonfabrik Uerdingen gebauten Triebwagen erstmals einsetzte, entstand dieses Bild. Foto: WLE-Archiv

Im August 1983 gehörte die DE 0901 noch zum Bestand der WLE. Vor dem Lippstädter Lokdepot wartete die Maschine auf neue Aufgaben. Foto: L. Prix

Im Frühsommer 1981 konnte die WLE auf DE 0901 und VL 0641, die im Bw Lippstadt standen, noch nicht verzichten. Zwei Jahre später verkaufte die Bahn beide Loks. Foto: L. Prix

Ab 1983 lackierte die WLE ihre Dieselloks vom klassischen Blau in Phönixrot um – so wie sich die 1957 von Klöckner-Humboldt-Deutz gebaute VL 0632 hier präsentiert. Foto: L. Prix

Auf der Drehscheibe des Lippstädter WLE-Lokdepots wendete September 1983 die Lok VL 0671 »Lippstadt«. Foto: L.Prix

Auf dem Tender der ehemaligen Lok Nr. 0204 baute die WLE ihren Schneepflug auf, der trägt 1983 noch die klassischen WLE-Farben wie hier. Foto: L.Prix

Ihre Kleindiesellok VL 0604 verkaufte die WLE 1989 an die Eisenbahnfreunde Hamm. Mit einem sehenswerten Zug war die Maschine am 18. Juni 2000 bei Sendenhorst unterwegs. Foto: J. Hajt

Mit einem Steinzug im Schlepp war die Lok Nr. 72 am 5. August 1995 auf der Haar unterwegs.
Foto: J. Hajt

Das heute unter Denkmalschutz stehende Stellwerk Lippstadt Nord passiert am 18. Februar 2000 die Lok Nr. 38 auf Lz-Fahrt nach Warstein. Foto: Haucke

Mit zwei Güterwagen im Schlepp war eine WLE-Maschine in den 70er-Jahren im Möhnetal unterwegs. Foto: WLE-Archiv

Im Juni 1978 rangierte die VL 0651 im Bahnhof Rüthen. Die 1962 von MaK Kiel gelieferte Maschine veräußerte die WLE 1985. Foto: WLE-Archiv

Für die Lokbergung mußte eigens einer der größten Reichsbahnkräne angefordert werden, für den ein gewaltiges Schwellenfundament nötig war. Wegen häufiger Fliegeralarme wurde auch nachts an der Unfallstelle gearbeitet, doch immer wieder mußte auch dann das Licht gelöscht werden, um Bomberverbänden kein Ziel zu bieten. Das Hochnehmen und Aufgleisen der unbotmäßigen Lok verlief schließlich wunschgemäß. Wie sich herausstellte, hatte die Lok keinerlei Schäden. Der sogenannte Bachsprung der 98 führte nach dem Krieg dazu, dass die WLE beide Lokomotiven dieses Typs 1952 bei Henschel in Kassel umbauen ließ: Der Kessel wurde verlängert und eine vordere Laufachse eingebaut. Danach erhielten die Loks die neuen Betriebsnummer 37 und 38.

Ebenfalls noch während des Krieges hat sich auch folgende Begebenheit auf der Möhnetalbahn zugetragen: Am 15. Oktober 1944 gerät der Personenzug von Soest nach Brilon in Höhe des Haltepunkts Neuengeseke-Hackeloh unter Fliegerbeschuß. Das Personal verläßt

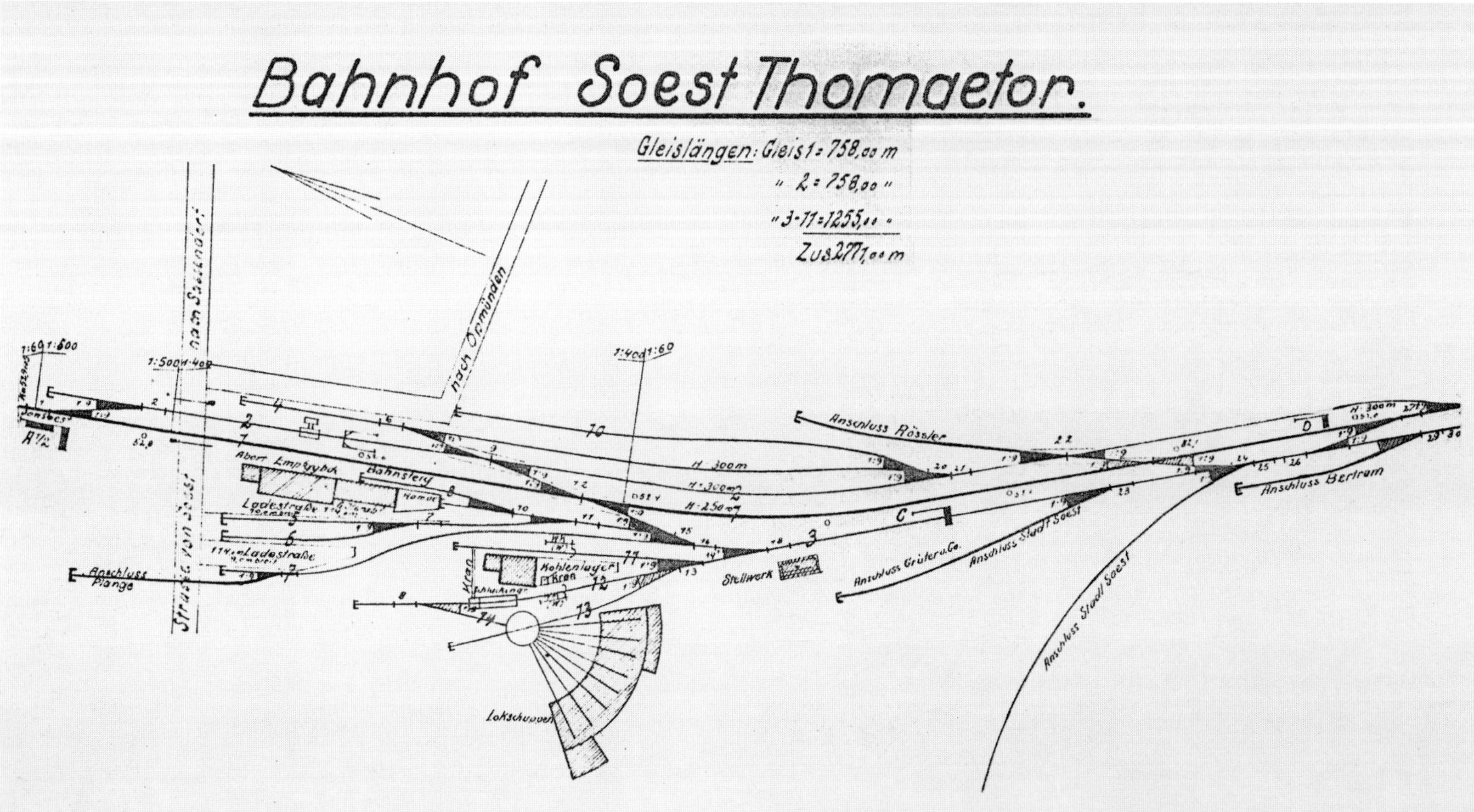

Gleisplan des Bahnhofs Soest Thomätor. Abbildung: WLE-Archiv

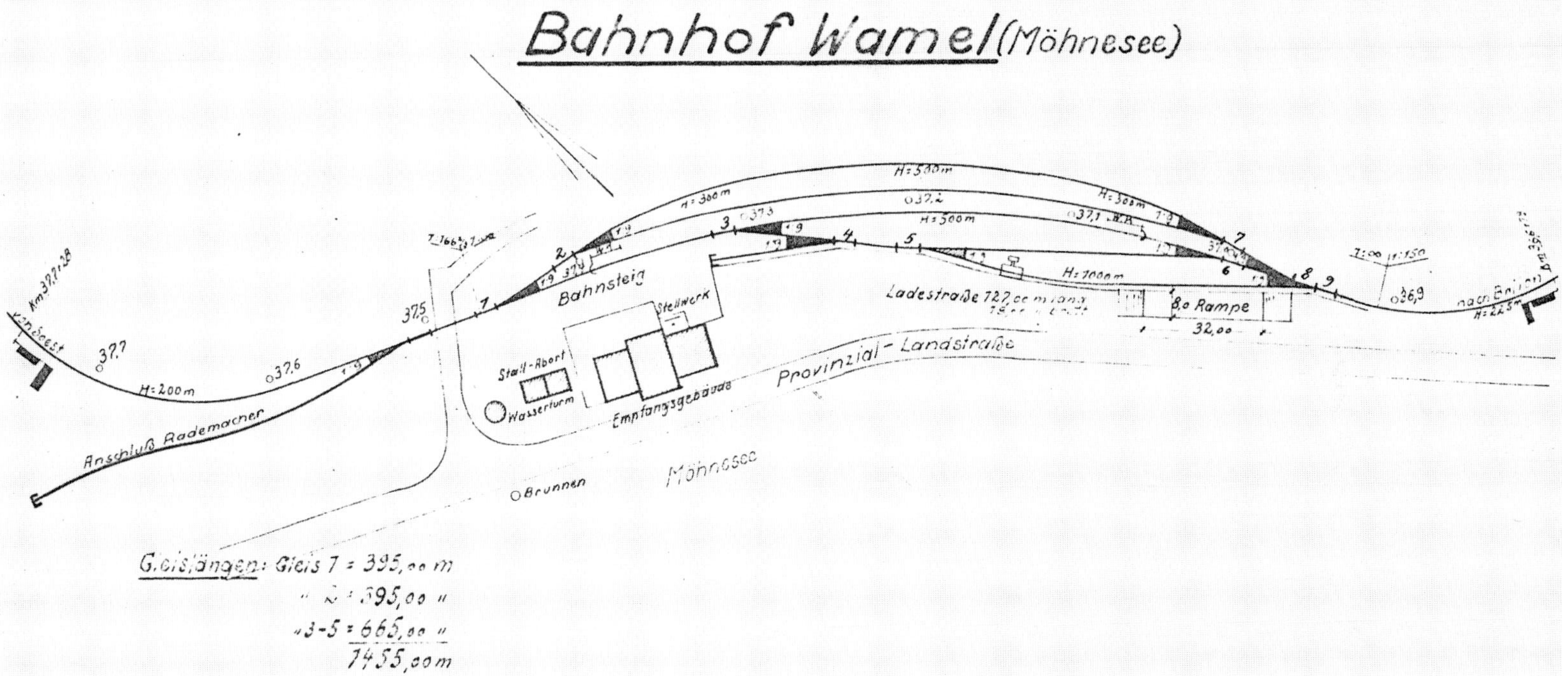

Gleisplan des Bahnhofs Wamel (Möhnesee). Abbildung: WLE-Archiv

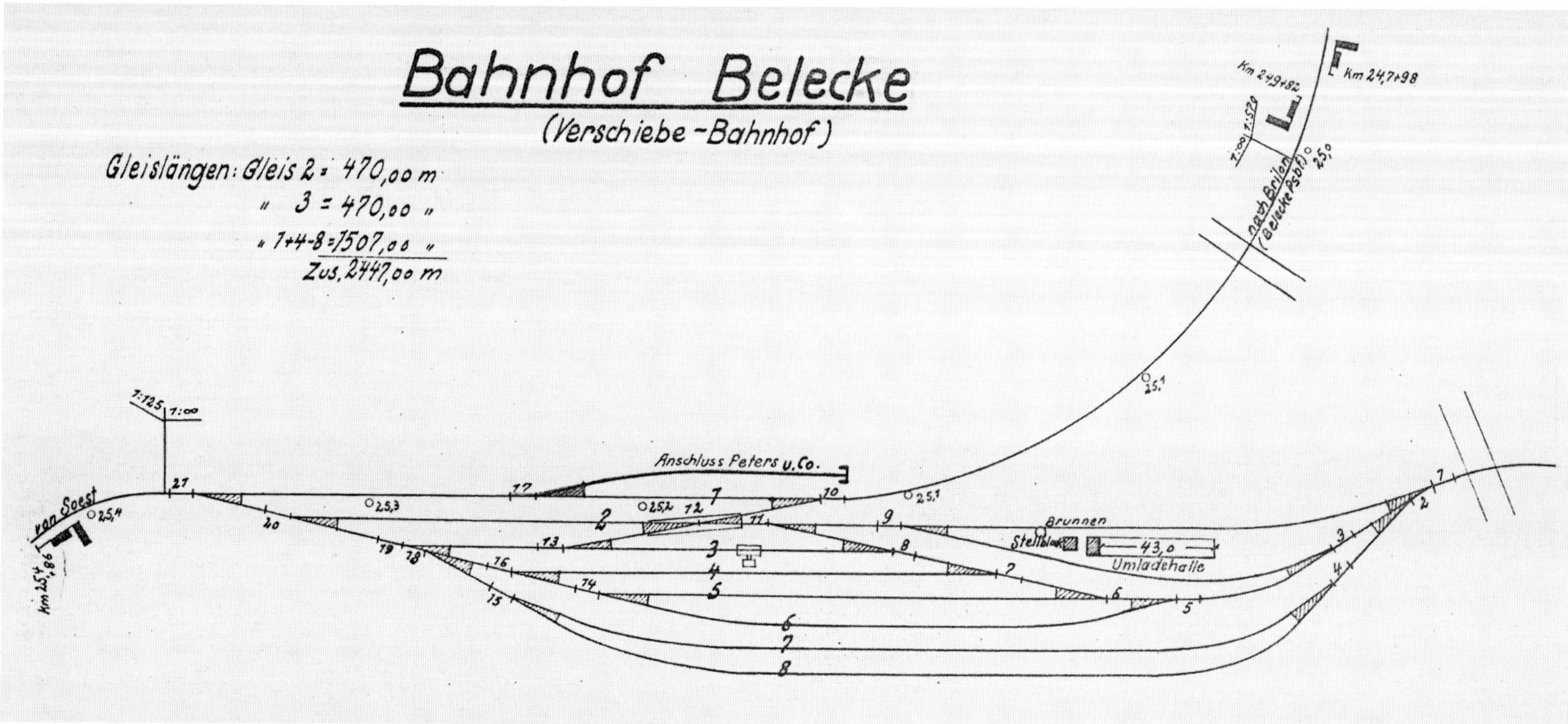

Gleisplan des Verschiebebahnhofs der WLE in Belecke. Abbildung: WLE-Archiv

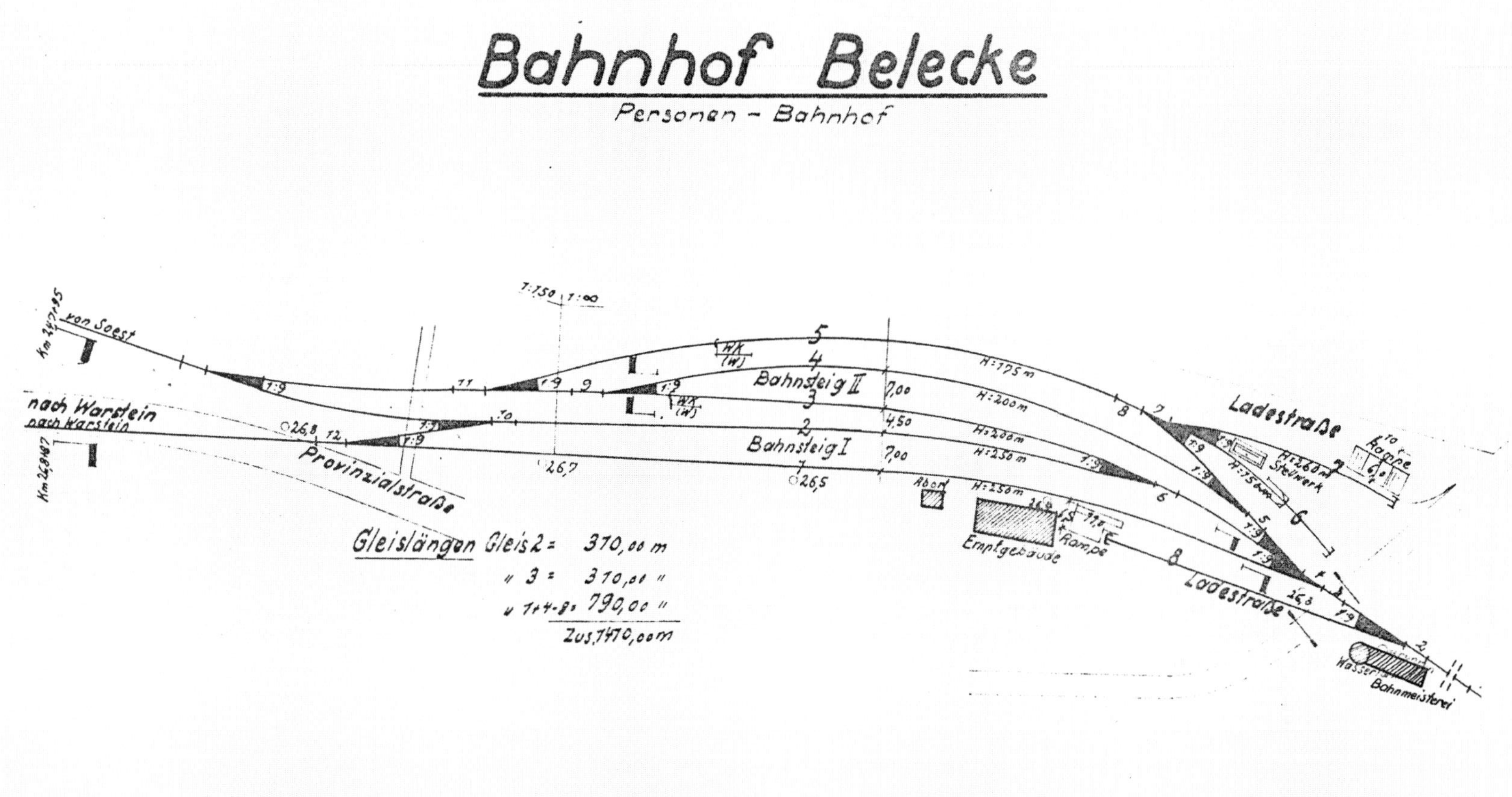

Gleisplan des Personenbahnhofs Belecke. Abbildung: WLE-Archiv

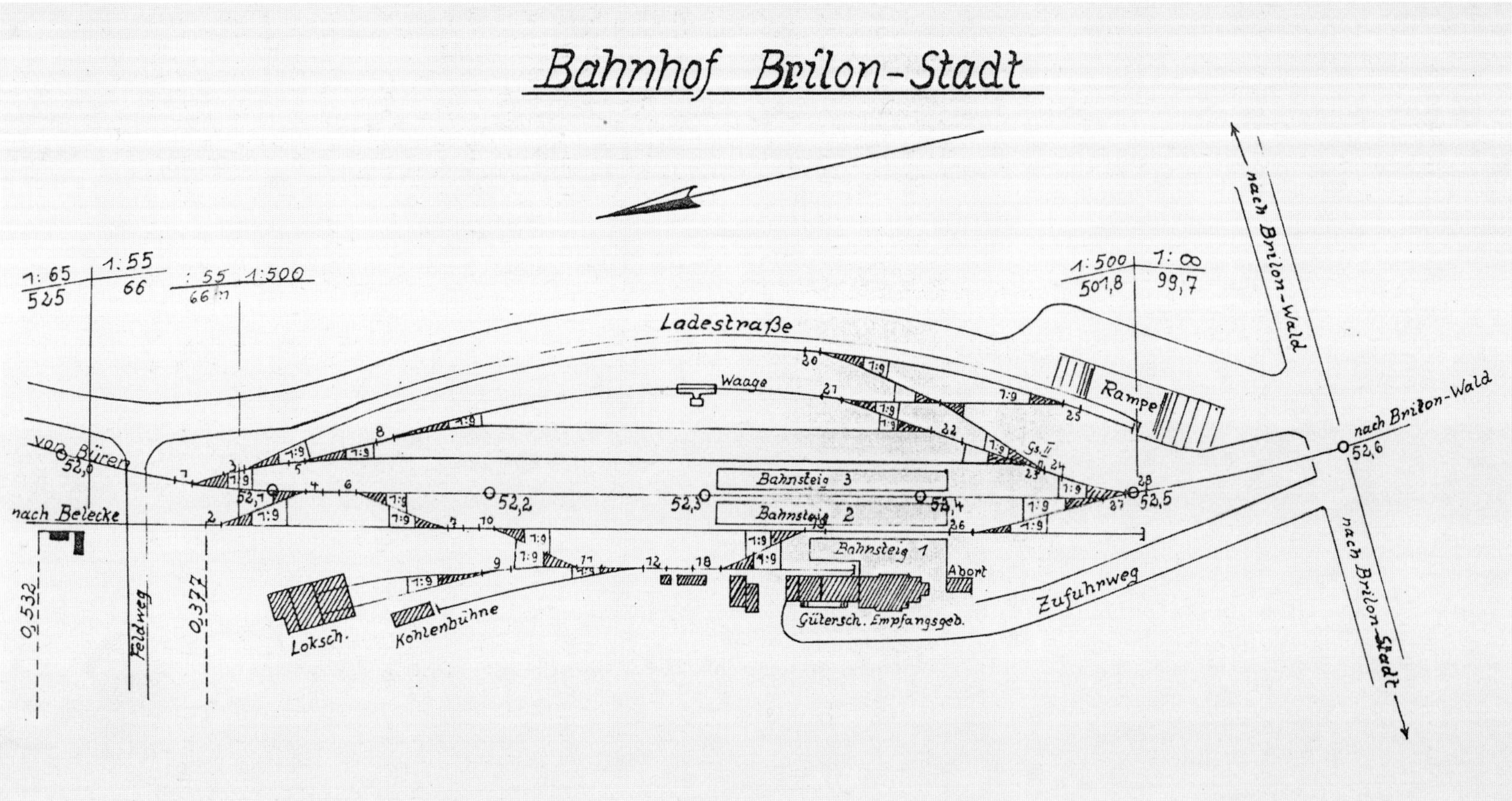

Gleisplan des Bahnhofs Brilon Stadt. Abbildung: WLE-Archiv

den stehenden Zug und geht mit den Fahrgästen im nahen Wäldchen in Deckung. Beim Angriff wird der Luftdruckbehälter der Lok beschädigt, die Bremsen lösen sich, die Personale sehen mit Entsetzen, wie sich der Zug, die führerlose Lok am Schluß, zurück Richtung Soest in Bewegung setzt. Da die Strecke hier von 200 m über Normalnull stetig auf 97 Meter über Meereshöhe im acht Kilometer entfernten Hauptbahnhof Soest abfällt, gewinnt der Geisterzug stetig an Fahrt. Im Bahnhof Elfsen hat Bahnagent Geise den Tieffliegerangriff beobachtet. Als der leere Zug an ihm vorbeirattert, stürzt Geise zum Fernsprecher, alarmiert den WLE-Bahnhof Soest Thomätor. Dort wird sofort der Staatsbahnhof alarmiert, wo die WLE-Gleise enden: *»Der Zug ist abgelaufen!«* Dieser Schreckensruf eilt der führerlosen Garnitur voraus. In Windeseile räumt man im Soester Hauptbahnhof die Gefahrenzone. Die Fahrstraßen sind gestellt. Noch nie hat man einen Zug so schnell Thomätor durchfahren sehen. Mit ohrenbetäubendem Krachen zerlegt sich kaum eine Minute später der Geisterzug vor, auf und hinter dem Prellbock im WLE-Kopfgleis am Bahnsteig 1. Wie durch ein Wunder ist niemand zu Schaden gekommen, auch nicht an den Bahnübergängen, die der leere Personenzug auf seinem wilden Ritt zurück passierte.

In den Ostertagen 1945 kam der Schienenverkehr bei der WLE fast überall zum Erliegen. Bei Kriegsende ruhte der Betrieb vollständig. Der erste Zug fuhr am 9. Mai 1945 und zwar von Soest Thomätor bis Wamel. Als letzter Abschnitt der Möhnetalbahn wurde das Teilstück Brilon Stadt–Niederbergheim am 15. Oktober 1945 wieder in Betrieb genommen.

Doch der Niedergang der Möhnetalbahn setzte noch vor der Währungsreform ein. Der Zwang zum Sparen führte dazu, dass die Instandhaltungsintervalle für den Oberbau gestreckt wurden. Um den Personalbestand zu reduzieren, wurden damals schon Versuche unternommen, Schranken und Weichen von der fahrenden Lok zu bedienen. Immer schlechter werdende Gleislagen führten zu Langsamfahrstellen, unpünktlichen Zügen und immer geringerem Reisekomfort. Eine parallele Buslinie und der in den 50er-Jahren allmählich einsetzende Individualverkehr machten der WLE auf dieser Strecke schon früh zu schaffen. Als die Bundesbahn ab dem 2. Juni 1957 Schienenbusse als »Kiepenkerl-Expreß« von Münster über Hamm, Soest, Belecke, Brilon bis nach Bad Wildungen einsetzte, schien die Möhnetalbahn nochmals aufzuleben. Doch schon drei Jahre später war's vorbei mit der Pättkesfahrt: Am 28. Mai 1960 fuhr der rollende rote Kiepenkerl zum letzten Mal durchs Möhnetal. Am selben Tag stellte die WLE den gesamten Reisezugverkehr auf der Strecke Soest–Brilon Stadt ein. Ein letztes Mal schnauften die schwarzen Dampfer, deren Ende aber auch schon in Sichtweite rückte, neben der Möhne talaufwärts. 1963 verkaufte die WLE das nutzlose Empfangsgebäude in Scharfenberg, das im Zug des Ausbaues der B 516 abgerissen wurde.

Auch der ohnehin nie bedeutende Güterverkehr ging weiter zurück auf der Möhnetalbahn. Am 1. April 1970 verkehrte das letzte durchgehende Güterzugpaar Belecke–Soest. Am 17. April 1970 wurde der Abschnitt Belecke–Elfsen stillgelegt und vom 2. bis 28. Oktober 1970 abgebaut. Die Bahnhöfe in Allagen und Niederbergheim wurden 1972 verkauft, Allagen und Wamel noch im selben Jahrzehnt abgerissen. Für das Streckenstück von Heidberg bis Brilon Stadt kam das Aus am 1. März 1979. Bis 1981 wurde auch diese Teilstrecke abgebaut. Die WLE-Grundstücke rund um den Bahnhof kaufte die Stadt Brilon. Die Trasse bis zur Grenze des Hochsauerlandkreises bei Heidberg erwarb das Landesstraßenbauamt, um hier 1982/83 einen Radweg anzulegen. Dieselbe Idee hatten Jahre zuvor auf Soester Kreisgebiet die Anliegergemeinden. Stört eigentlich nur der letzte Rest der

Möhnetalbahn von Belecke bis Rüthen, wo heute der Prellbock auf dem Gleis steht, und weiter bis Heidberg.

Den Anschlußverkehr von Elfsen (heute Soest-Süd) über Thomätor bis zum Soester Hauptbahnhof übertrug die WLE 1973 der Ruhr-Lippe-Eisenbahn, die ihrerseits die Bedienung 1988 an die Bundesbahn abtrat.

Zum 100jährigen Bestehen der Möhnetalbahn weckten Eisenbahnfreunde die Erinnerung an den Kiepenkerl-Expreß: Schienenbusgarnituren pendelten 1999 zwischen Belecke und Rüthen. Die wenigen Übergabefahrten, die heute noch bis Rüthen erfolgen, lassen eine ökonomisch sinnvolle Zukunft des Restes der Möhnetalbahn nicht erhoffen.

[19] Aus »Denkschrift betreffend die Führung der westphälischen Eisenbahn«, Stadtarchiv Lippstadt, D22

[20] Stadtarchiv Lippstadt, WLE-Akte 1043

[21] ebd.

[22] Zehnter WLE-Geschäftsbericht 1892/93, WLE-Archiv

[23] 13. WLE-Geschäftsbericht 1895/96, WLE-Archiv

[24] Stadtarchiv Lippstadt, WLE-Akte 171

[25] 13. WLE-Geschäftsbericht 1895/96, WLE-Archiv

[26] 15. WLE-Geschäftsbericht 1897/98, WLE-Archiv

[27] 16. WLE-Geschäftsbericht 1898/99, WLE-Archiv

[28] »Am 1. Dezember wird die Schlussstrecke Soest–Belecke der vollspurigen Nebeneisenbahn Soest–Brilon dem Verkehr übergeben«. Einladung des Fest-Ausschusses, Sammlung Haucke

[29] Übergabeprotokoll im Stadtarchiv Lippstadt, WLE-Akte 1358

[30] 18. WLE-Geschäftsbericht 1900/01, WLE-Archiv

[31] Aufzeichnungen des Eisenbahndirektors Werner Adams, WLE-Archiv

5

Die Sennebahn

»Küken-Express« und »Senneblitz« nannten die Westfalen zwischen Wiedenbrück und Paderborn ihre Eisenbahn, für deren Bau sie lange gekämpft hatten. Dass sich ihre Verbundenheit aber auf Dauer nicht in zahlbarer Münze bemerkbar machte, mündete in einen langen Abschied, der eigentlich bereits in den »Goldenen Zwanzigern« begann.

Schon aus den Anfangsjahren der Warstein-Lippstadter Eisenbahn stammt die vor allem von Lippstadt, aber auch von Wiedenbrück und später auch von Paderborn verfolgte Idee, das WLE-Netz um Verbindungen von der Lippe entlang der alten Heer- und Handelsstraße, der heutigen B 55, nach Norden und von Wiedenbrück aus nach Südosten über Rietberg, Delbrück und Senne in den Raum Paderborn zu erweitern. Mit der Eröffnung der Staatsbahnstrecke Lippstadt–Rheda/Wiedenbrück ist zwar ein wesentlicher Teil dieser Pläne erledigt, doch damit ist die bahntechnische Erschließung des landwirtschaftlich geprägten Hinterlandes zwischen dem Südwesthang des Teutoburger Waldes und der Paderborner Hochebene nicht gelöst. Das »Komitee für den Bau der Eisenbahn Paderborn–Rheda« unter Vorsitz des Paderborner Bürgermeisters Plaßmann[32] unternimmt mehrfach Vorstöße bei der preußischen Regierung. Obwohl Sennelager schon damals Truppenübungsplatz ist, zeigt Preußen wenig Neigung, die gesamte Bahn auf Staatskosten zu bauen, zieht vielmehr eine Staatsbahnstichstrecke von Paderborn bis Sennelager vor. Schließlich besinnt sich das Komitee 1896 wieder auf die WLE, wohl auch unter sanftem Druck des Geheimen Ober-Regierungsrats Overweg, zugleich Landeshaupt-

Beim Bau der Sennebahn kamen auch Feldbahnen zum Einsatz. Der genaue Aufnahmeort des auf den 29. August 1901 datierten Bildes ist nicht bekannt. Foto: WLE-Archiv

Bei der Eröffnung der Sennebahn am 30. August 1902 war der Bahnhof Delbrück festlich geschmückt. Die Lok »Ruethen« war an diesem Tag vor Güterzügen im Einsatz.
Foto: WLE-Archiv

mann der preußischen Provinz Westfalen: *»Möchte nach dem Eintreffen der von dem Herrn Minister für öffentliche Arbeiten erbetenen Entscheidung das Komitee in die Lage kommen, zunächst die allgemeinen Vorarbeiten für die gedachte Bahn anfertigen zu lassen, so stelle ich ergebenst anheim, die Direction der Warstein-Lippstadter Eisenbahn um die Anfertigung derselben zu bitten und derselben die auf etwa 3600 Mark sich belaufenden Kosten dafür zur Verfügung zu stellen.«*[33] Wohlweislich hat WLE-Direktionsmitglied Sterneborg schon unter dem 30. März 1896 dem Landeshauptmann mitgeteilt: *»Ich bin der Ansicht, dass es genügt, die Bahn bis Wiedenbrück mit Anschluß an den dortigen Staatsbahnhof zu bauen. Die Bahn würde von Sennelager bis Wiedenbrück 31 bis 32 Kilometer lang werden. Wenn dieselbe auch keinen unmittelbaren Anschluß an das Netz der Westfälischen Landes-Eisenbahn hat, so ist diese Bahnlänge doch ausreichend für einen selbständigen Betrieb.«*[34] Die gleichzeitige WLE-Anfrage, ob sie *»auch den Ausbau von weniger rentablen Bahnlinien in Aussicht nehmen kann, insbesondere ob derartige Linien mit den bisher ausgebauten und projektierten Strecken, für welche eine bessere Rentabilität in Aussicht steht, zusammengeworfen werden können«*, könne, so Ober-Regierungsrat Overweg, *»nur von Fall zu Fall entschieden werden«.*[35] Anders als im Falle der Möhnetalbahn ist die WLE bei der geplanten Sennebahn nicht konkurrenzlos. Aus dem Protokoll der Komitee-Sitzung vom 16. April 1896 in Delbrück, an der erstmals auch WLE-Betriebsdirektor Samuel Friedrich Schönfeld teilnimmt, geht hervor, dass das bekannte Bahnbau- und Betreiberunternehmen Lenz & Co. offenbar bereits tätig geworden war: Es wird nämlich während der Versammlung eine *»Anfrage an die Firma Lenz & Co, ob sie bereit sei, die bislang gemachten Vorarbeiten käuflich abzutreten, zugleich mit der Mitteilung, dass ein Interesse des Komitees nur in so weit be-*

stehe, als die Strecke Sennelager–Neuenkirchen in Betracht komme«, beschlossen.[36] Während Regierungs-Baumeister Meier in Paderborn die Pläne für die zu diesem Zeitpunkt noch bis Brackwede vorgesehene Staatsbahnstrecke ausarbeitet, trifft am 22. November 1896 aus Berlin auch die Genehmigung der Vorarbeiten für eine »vollspurige Nebeneisenbahn von Senne (Sennelager) nach Wiedenbrück« ein.[37]

Die Vermessungs- und Planungsarbeiten sind kaum angelaufen, da schaltet sich das preußische Militär mit eigenen Vorstellungen ein: Sogleich benachrichtigt der Minister für öffentliche Arbeiten das Komitee, *»daß nach einer Mitteilung des Herrn Kriegsministers für eine vollspurige Nebeneisenbahn Senne (Sennelager)–Wiedenbrück eine militärische Leistungsfähigkeit erforderlich sein würde, welche die Überführung halber Militärzüge mit schweren Maschinen in zweistündiger Aufeinanderfolge nach beiden Richtungen ermöglicht«*.[38] Am 22. Juni 1897 legt WLE-Betriebsdirektor Schönfeld nach Abschluß der Vorarbeiten seinen Erläuterungsbericht nebst Ertragsberechnung vor.[39] Um den Bau schmackhaft zu machen, argumentiert der WLE-Chef geschickt: *»Die projektierte Bahn bezweckt für die Städte Rietberg, Neuenkirchen und Delbrück den Anschluß an das Eisenbahnnetz zu gewinnen und denselben eine bessere Verbindung einerseits mit der Provinzial-Hauptstadt Münster und dem Ruhr-Kohlenbezirk, andererseits mit der im raschen Aufschwung begriffenen Stadt Paderborn und mit Sennelager zu verschaffen, wo sie ihre landwirtschaftlichen Erzeugnisse absetzen können.«*[40] Den Hinweis auf zusätzliche Beförderungsleistungen auch für die Staatseisenbahn vertieft Schönfeld noch: *»Es wird in dem durchzogenen Gebiet vorzugsweise Landwirtschaft betrieben und bedarf dieselbe zu einem intensiven Betrieb vielen Kunstdüngers; es bestehen aber auch, namentlich in Neuenkirchen, verschiedene Fabriken, die auf einen möglichst billigen Bezug von Kohlen angewiesen sind. Dagegen werden Grubenholz und einige landwirtschaftlichen Produkte, namentlich Heu aus dem ausgedehnten Gebiet der gut bewässerten Boker Heide abgefahren werden können.«*[41]

Die »Steigungs- und Krümmungsverhältnisse«[42] ob des Terrains beurteilt Schönfeld als günstig. Lediglich bei Delbrück sei *»trotz der Anwendung eines Steigungsverhältnisses von 1: 100 ein 700 Meter langer Einschnitt mit einer Tiefe bis zu 8 Metern«*[43] anzulegen. Rund ein Viertel der Strecke verlaufe horizontal und bis auf insgesamt zwei Steigungen werde ein Verhältnis von 1:400 nicht überschritten, stellt der Eisenbahningenieur fest. Fast 80 Prozent der projektierten Trasse verlaufen schnurgerade und Halbmesser unter 300 m kommen überhaupt nicht vor. Wegen der zahlreichen Bäche und Flußläufe, unter anderen muß allein zweimal die Ems überquert werden, sind allerdings etliche Brücken anzulegen. Deren größte über die Ems unweit Wiedenbrücks kommt freilich mit einer Spannweite von 15 m aus.

Hinsichtlich des Oberbaues stützt sich Schönfeld auf die vom Ministerium für öffentliche Arbeiten für vollspurige Nebenbahnen *»entworfenen breitbasigen Stahlschienen von 9 m Länge, 113 mm Höhe und 23,8 kg Gewicht für den laufenden Meter auf imprägnierten kiefernen Querschwellen von 2,4 m Länge, 20 cm Breite und 15 cm Stärke mit eisernen Unterlagsplatten und schwebendem Stoß«*.[44] Pro Schienenlänge sind zwölf Schwellen vorgesehen.

Auch zur Signalisierung und Sicherung enthält der Erläuterungsbericht Angaben: *»Es ist längs der ganzen Bahn eine elektrische Telegraphenleitung mit Morse-Sprechapparaten auf allen Stationen vorgesehen. Vor allen Stationen sollen Bahnhofs-Abschluß-Signale aufgestellt werden. Alle 100 m sollen Stationierungssteine und bei jedem Gefällwechsel Neigungszeiger gesetzt werden, auch sind für alle Wegeübergänge Läutesignale und Warnungstafeln vorgesehen.«*

In Wiedenbrück entstand dieses Bild mit der 1901 von Borsig gebauten Lok Nr. 55. Bemerkenswert ist das abgeblendete Spitzenlicht an der Rauchkammer der Maschine. Foto: WLE-Archiv

Schönfelds Rentabilitätsberechnung kommt vor allem vor dem Hintergrund der vorab geführten WLE-Korrespondenz mit dem Landeshauptmann zu dem überraschenden Schluß, dass mit einer jährlichen Rendite von fünf Prozent zu rechnen sei.[45] Wie sich später herausstellen sollte, eine allzu optimistische Annahme, die sich freilich in der geplanten Beschaffung des Fahrzeugparks für die Sennebahn nicht widerspiegelt: Lediglich vier C-Kuppler, sechs Personenwagen. ein Zugführer- sowie ein Post- und Gepäckwagen entsprechen zwar in etwa dem Startbestand der Warstein-Lippstadter Eisenbahn anno 1883, aber weniger als der Hälfte des inzwischen auf der Stammstrecke eingesetzten Fahrzeugparks. Nur bei den Güterwaggons – 30 gedeckte, 30 offene, 15 Hochbord- und vier Langholzwagen sowie eine Draisine und ein Bahnmeisterwaggon – finden die prognostizierten positiven Zukunftsaussichten annähernd ihren Niederschlag.[46]

Da das Aufbringen des Anlagekapitals von fast zwei Millionen Mark durch die beiden beteiligten Kreise Wiedenbrück und Paderborn sowie die Ämter Rietberg-Neuenkirchen und Delbrück schleppend vorangeht, dauert es noch bis Ende 1899, ehe in Berlin eine Entscheidung fällt. Am 11. Dezember 1899 unterzeichnet Preußens König Wilhelm II. die Konzessionsurkunde, die gleichzeitig auch die Genehmigung zum Bau und Betrieb der Nordbahn und der Stammstreckenverlängerung von Neubeckum nach Münster enthält.[47] Erst im Frühjahr 1900 beginnen die Bauarbeiten in vollem Umfang. Eine Konzessionsbedingung kann die WLE bei keiner der neuen Bahnlinien erfüllen, die Inbetriebnahme der Strecke innerhalb zweier Jahre ab Unterzeichnung. Immerhin ist die Sennebahn die erste, die am 30. August 1902[48] feierlich eröffnet wird. Die Begeisterung in der Bevölkerung ist groß, schließlich reduziert sich dank der WLE die Reise von Paderborn bis nach Rheda trotz zweimaligen Umsteigens fast um die Hälfte: Mit der Eisenbahn ist die Strecke in rund zweieinhalb Stunden zu bewältigen, während die Postkutsche fast fünf Stunden braucht. Deren letzte mit dem Schwager auf dem Kutschbock verkehrt übrigens am 31. August 1902 von Wiedenbrück nach Rietberg.[49]

Bis in die Zeit des Ersten Weltkriegs setzt die WLE täglich vier Zugpaare zwischen den Staatsbahnhöfen Sennelager und Wiedenbrück mit Halten auf den WLE-Bahnhöfen Delbrück und Rietberg-Neuenkirchen sowie an den Haltepunkten Ostenland, Westerloh, Nordhagen, Westerwiehe, Lintel und Jägerheim ein. Verschiedene Vorstöße, WLE-Züge bis nach Paderborn und Rheda durchzubinden, bleiben ohne Erfolg, was auf Sicht den Reisezugverkehr unattraktiv macht.

Schon vor 1918 schränkt die WLE daher den Personenzugverkehr ein, behilft sich häufiger mit PmG-Einsätzen. Nur die Militärtransporte boomen. Auch der normale Güterverkehr bleibt immer deutlicher hinter den Erwartungen zurück. 1923, auf dem Höhepunkt der Inflation, wird die Zugfolge weiter ausgedünnt. Ab 1. März 1924 sind dann wieder vier Zugpaare täglich auf der Sennebahn unterwegs. Dafür sind allerdings seitens der WLE ganz neue Töne zu vernehmen, die selbst im Jahr 2001 höchst modern anmuten: Die Landes-Ei-

Weihnachtsgänse aus Ostpreußen für die heimischen Mäster wurden im Dezember 1937 im Bahnhof Rietberg-Neuenkirchen ausgeladen. Foto: WLE-Archiv

Bereits am 31. März 1958 setzte die WLE die letzten Reisezüge auf der Sennebahn ein. Die Lok 0201, die ehemalige 55 2375, wartete in Wiedenbrück auf die Abfahrt nach Sennelager.
Foto: WLE-Archiv

senbahn kündigt Fahrgastzählungen an und *»falls die Besetzung der Züge den gewünschten Erfolg nicht haben sollte, müßte vom 1. Juni ab ein fester Zuschuß von täglich 90 Mark von den Interessenten geleistet werden«.*[50] Sonst, so macht die WLE deutlich, müsse man zum alten Fahrplan zurückkehren.

Auf Drängen der Kapitalzeichner flackert auf der Sennebahn für kurze Zeit ein Strohfeuer: Die Ära der Triebwagen startet die WLE mit VT 1 zwischen Wiedenbrück und Sennelager. Mit den bei den Deutschen Werken Kiel (DWK), später MaK, gefertigten Zweiachsern, der zweite wird als VT 2 eingereiht, kommt 1928 moderner Reisekomfort auf die Sennebahn. Allerdings bleibt es beim kurzen Intermezzo: Da sich die Einsätze nur zwischen Wiedenbrück und Rietberg als kostendeckend erweisen, zieht die WLE nach erneuten Fahrgastzählungen ihren VT 1 ab, um ihn hernach auf der Nordbahn fahren zu lassen.

Feldgrau bestimmt das Bild auf der Sennebahn. Ohne die in den 30er-Jahren noch zunehmenden Truppen- und Materialtransporte ins Manövergebiet Sennelager wäre der Bahnbetrieb schon jetzt völlig unrentabel. Daran ändert sich auch nach dem Zweiten Weltkrieg nichts, nur die Uniformen sind andere: Die Alliierten, vor allem britische Einheiten der Rheinarmee, nutzen die Transportwege per Schiene. Aber auch da verlagern sich die Kolonnen mehr und mehr auf die Straße. Der Reisezugverkehr erholt sich auch in der Nachkriegszeit kaum. Und der saisonale Federviehtransport von Westerloh und Westerwiehe, eben der Küken-Expreß, kann die roten Zahlen auch nicht schwärzen.

Am 1. April 1958 stellt die WLE den gesamten Reisezugverkehr auf der Sennebahn ein. Gleichzeitig geht im Tausch mit Beckum–Neubeckum ohne Änderung der Eigentumsverhältnisse die Betriebsführung an die Bun-

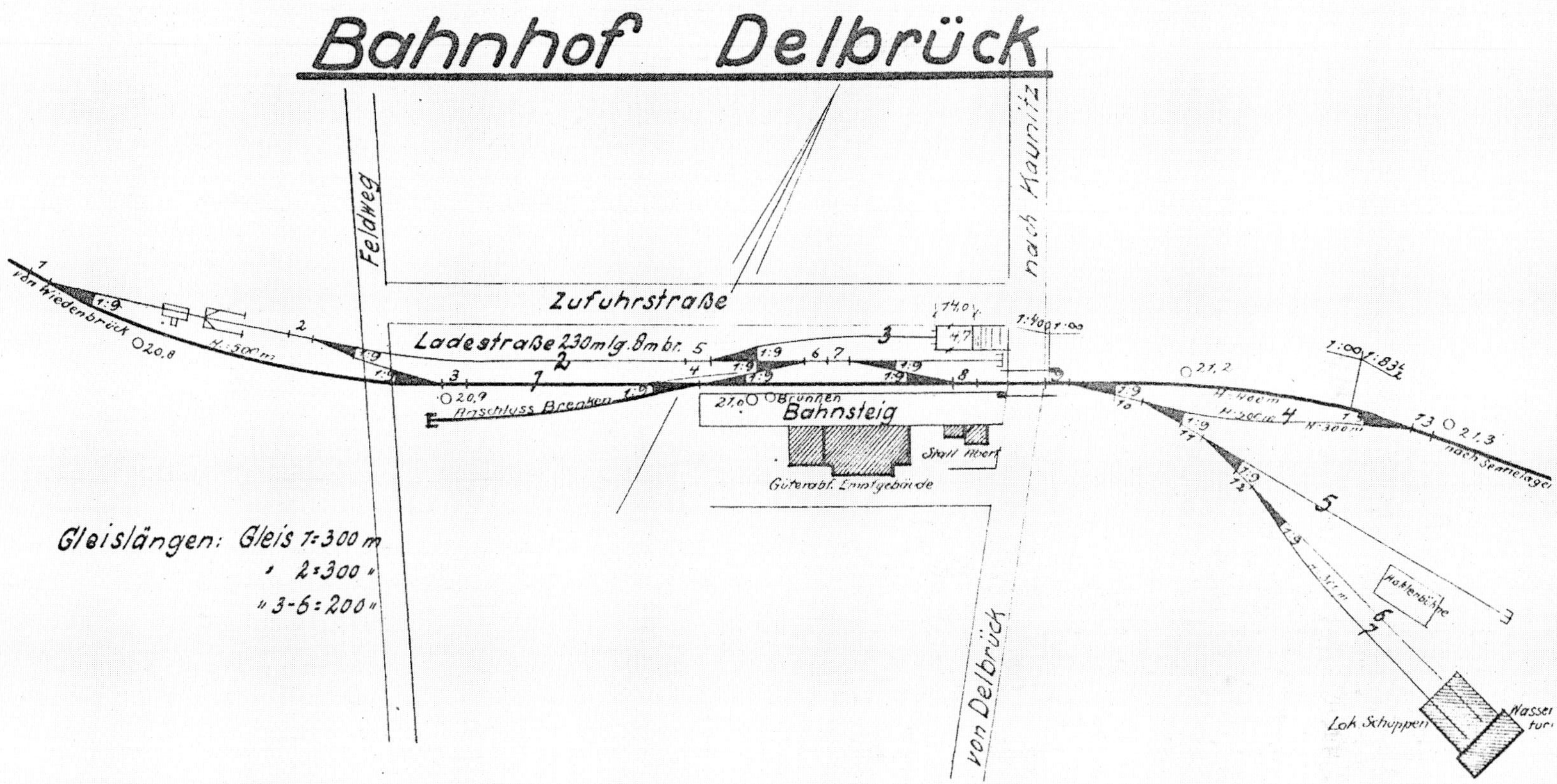

Gleisplan des Bahnhofs Delbrück. Abbildung: WLE-Archiv

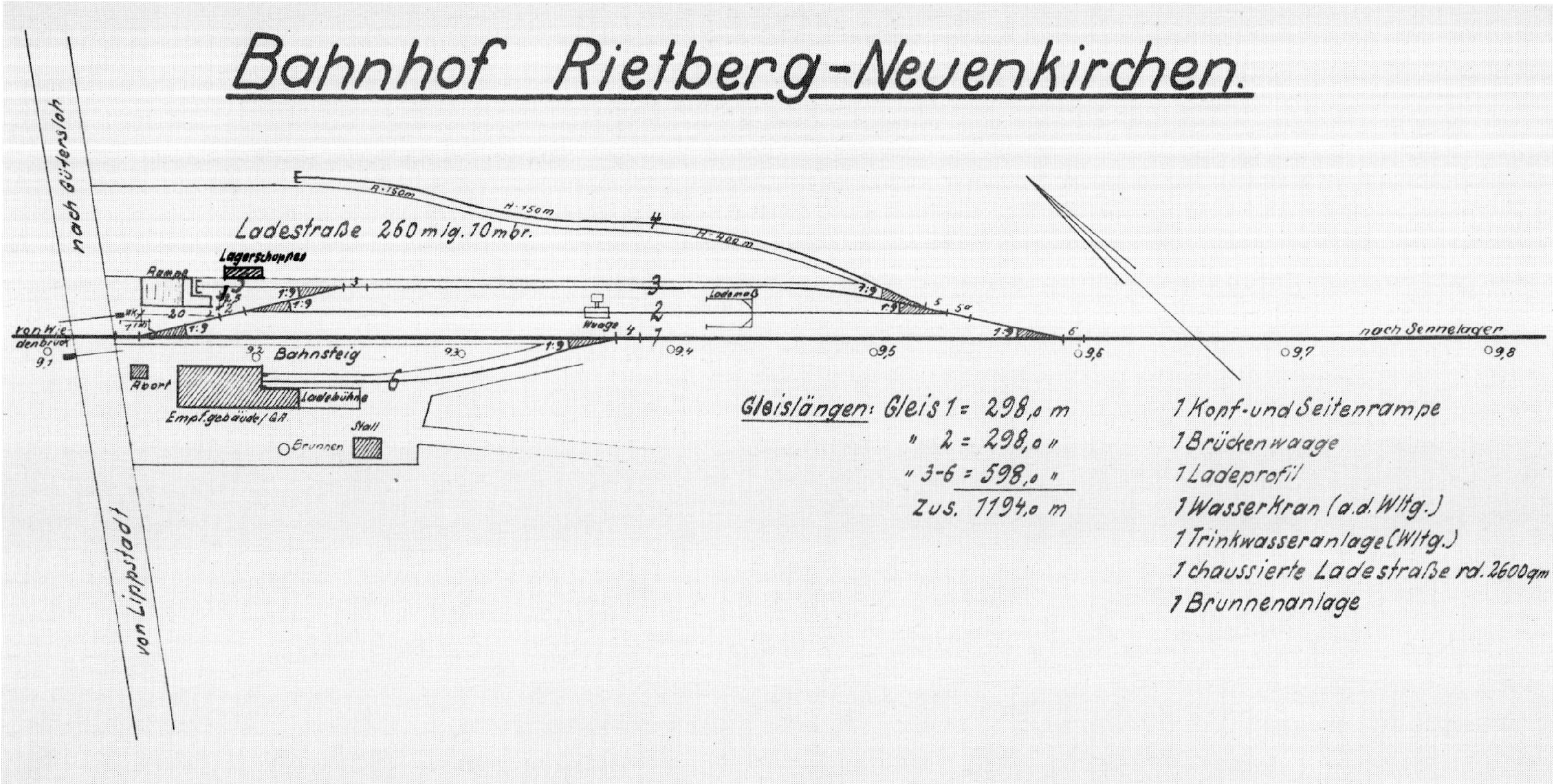

Gleisplan des Bahnhofs Rietberg-Neuenkirchen. Abbildung: WLE-Archiv

desbahn über. Der Dampflok 201 ist es vorbehalten, den letzten Senneblitz am 31. März 1958 über die Strecke zu ziehen. Alle Proteste helfen nichts. Abschiedssprüche wie »Greis u. Kind, Mann u. Frau, alles liebt die Heimatbahn, nun leb' wohl du liebe Sennebahn« zeigen noch einmal die Verbundenheit der Bevölkerung, ändern aber an der ernüchternden wirtschaftlichen Gesamtbilanz nichts.

Bis zum 31. Oktober 1960 bedient die DB den Abschnitt Wiedenbrück–Westerwiehe von Wiedenbrück aus, den Abschnitt Delbrück–Sennelager von Sennelager her. Auf dem Zwischenteil Westerwiehe–Delbrück wird nur noch bei Bedarf gefahren. Auf dem Abschnitt Delbrück–Sennelager stellt die Bundesbahn den Güterverkehr zum 21. Mai 1966 ein. Die Bedienung des Abschnitts Wiedenbrück–Delbrück erfolgt nur noch von Wiedenbrück aus. Die Gleise zwischen Delbrück und Sennelager werden ab 1975 abgebaut. Eine Bestandsgarantie erhalten die Kommunen seitens der Bahn nur noch bis 1982. Am 7. Juli 1989 kündigt die DB den Rahmenvertrag von 1958 in den Teilen, die die Sennebahn betreffen. Der WLE-Aufsichtsrat beschließt daher am 22. März 1990 die Stillegung der Reststrecke Rheda-Wiedenbrück–Delbrück-Süd. Am 25. Mai 1990 verkehrt der letzte Übergabezug der Bundesbahn. Am 10. Juni 1992 beginnt der Abbau, der am 31. Oktober 1993 beendet ist.

[32] Stadtarchiv Lippstadt, WLE-Akte 870 »Vorarbeiten Wiedenbrück–Sennelager«
[33] ebd., Abschrift des Schreibens des Landeshauptmanns vom 11. April 1896
[34] Stadtarchiv Lippstadt, WLE-Akte 870
[35] ebd.
[36] ebd., Abschrift für WLE-Betriebsdirektor Schönfeld
[37] datiert vom 19. November 1896, Stadtarchiv Lippstadt, WLE-Akte 870
[38] ebd., datiert vom 29. Januar 1897
[39] Stadtarchiv Lippstadt, WLE-Akte 871
[40] ebd., Erläuterungsbericht
[41] ebd.
[42] ebd.
[43] ebd.
[44] ebd.
[45] »Ertrags-Berechnung«, Stadtarchiv Lippstadt, WLE-Akte 871
[46] aus dem Erläuterungsbericht, a.a.O.
[47] siehe Anm. 15
[48] Das geht aus den Unterlagen im WLE-Archiv eindeutig hervor. Die Angabe 1. September, so etwa im Handbuch der deutschen Eisenbahnstrecken, vollständiger unveränderter Nachdruck (Mainz 1984) der im Jahr 1935 unter dem Titel »Die deutschen Eisenbahnen in ihrer Entwicklung 1835–1935« von der Deutschen Reichsbahn herausgegebenen Druckschrift, Seite 266, ist unzutreffend.
[49] WLE-Archiv
[50] WLE-Archiv

6

Die Nordbahn

Triumphbögen schmückten Burgsteinfurt und Stadtlohn, Böllerschüsse und Musikkapellen grüßten an allen Stationen, als am 30. September 1902 der Eröffnungszug mit dem C-Kuppler »Von Schorlemer-Alst« und den Festgästen über die eingleisige westfälische Nordbahn von Burgsteinfurt über Ahaus und Stadtlohn, mit Abzweig nach Vreden und weiter nach Borken dampfte.[51] Die Begeisterung in der Bevölkerung Stadtlohns und Vredens war umso größer, als die Bemühungen um eine Anbindung ihrer Region ans Eisenbahnnetz über viele Jahre ergebnislos verlaufen waren. Nur Teile des westlichen Münsterlandes im Grenzgebiet zu den Niederlanden waren schon im Laufe des 19. Jahrhunderts bahnbetrieblich erschlossen worden. Die Strecken Coesfeld–Gronau und Münster–Gronau, von da ins holländische Enschede führend, beide am 30. September 1875 eröffnet und zunächst privat konzessioniert, hatten schon bald die Preußischen Staatseisenbahnen übernommen.[52] Doch der klassische Handelsweg Altwestfalens aus dem Süden über Borken, Ahaus, Steinfurt und Rheine, dann entlang der Ems nach Norden fand beim Bahnbau lange keine Entsprechung. Nicht zuletzt, weil das *»General-Comité zur Erbauung der Westfälischen Nordbahn«*[53] viele Jahre eine große Lösung favorisiert hatte, die der Staatsräson Preußens zum Opfer fiel. Erst als sich Friedrich Freiherr von Schorlemer-Alst, Landrat des Kreises Ahaus, der Sache annahm und auch die Westfälische Landes-Eisenbahn ins Spiel kam[54], geriet die Angelegenheit in Bewegung. Beinahe allerdings wäre das Unternehmen noch gescheitert, denn 1897 opponierte die Stadt Vreden gegen die projektierte

Ganz Stadtlohn war bei der Eröffnung der Nordbahn am 30. September 1902 festlich geschmückt. Foto: WLE-Archiv

Die Stichbahn nach Vreden zweigte im Bahnhof Stadtlohn ab. Dort herrschte im Frühjahr 1908 reger Betrieb. Der Zug links kam aus Vreden. Foto: WLE-Archiv

Linienführung und lehnte zunächst auch die vom Komitee angebotene Stichbahn *»nach Bahnhof Stadtlohn«* rundweg ab.[54] Komitee und die Gemeinden Südlohn, Stadtlohn Stadt, Stadtlohn Land, Ahaus, Heek und Nienborg beeilten sich, die Einwände Vredens zu zerstreuen und dem Provinziallandtag zu versichern, dass *»der unbegründete Einspruch der unbedeutenden Stadt Vreden nicht in Frage kommen kann«*[55]. Die Bitten der Gemeindevertreter, *»dem Vorschlag des Provinzial-Ausschusses auf Übernahme von Nordbahn-Aktien durch die Provinz zuzustimmen und damit die uns so dringende Nordbahn zu sichern«*[56], verhallten nicht ungehört: Am 4. März 1898 konnte Landrat von Schorlemer-Alst um 12.30 Uhr von Münster aus dem Ahauser Bürgermeister Vagedes telegraphieren: *»Vorlage einstimmig angenommen. Gott Dank«*[57]. Mit der Ausgabe der Zeichenscheine *»für die Eisenbahn von Borken nach Burgsteinfurt mit Abzweigung von Stadtlohn nach Vreden«*[58] durch die WLE gemäß dem Gesellschaftsvertrag vom 21. April 1899[59] nahm auch die Finanzierung Form an. Erster Zeichner der Stammaktien sowie der Prioritäts-Stammaktien war der Provinzialverband Westfalen, der die Hälfte der veranschlagten 3,6 Millionen Mark aufbrachte. Die Anrainer-Kreise, -Städte, -Ämter und -Gemeinden sowie drei Burgsteinfurter Bürger übernahmen die andere Hälfte.[60]

Am 12. Dezember 1899 informierte der Komitee-Ehrenvorsitzende, der Fürst zu Salm-Salm, die Mitglieder, dass *»die Concessionsurkunde für die Erbauung der Westfälischen Nordbahn von Seiner Majestät dem Kaiser und König am gestrigen Tage vollzogen worden ist.«*[61] Das am 11. Dezember 1899 im Neuen Palais unterzeichnete Konzessionsdokument beginnt mit einer höchst aufschlußreichen Einleitung: *»Nachdem die Westfälische Landes-Eisenbahn-Gesellschaft darauf angetragen hat, ihr die Ausdehnung ihres Unternehmens auf den Bau und Betrieb vollspuriger*

Beschäftigte des Bahnhofs Stadtlohn versammelten sich 1928 für ein Erinnerungsbild. Foto: WLE-Archiv

Nebeneisenbanen von Borken nach Burgsteinfurt mit Abzweigung von Stadtlohn nach Vreden (Westfälische Nordbahn), von Sennelager nach Wiedenbrück und von Neubeckum nach Münster i.W. zu gestatten, wollen wir der gedachten Gesellschaft zum Bau und Betriebe dieser Bahnen Unsere Landesherrliche Genehmigung, sowie das Recht zur Entziehung und Beschränkung des Grundeigentums nach Maßgabe der gesetzlichen Bestimmungen unter den nachstehenden Bedingungen hierdurch erteilen.«[62] Hinter dem gemeinsamen Konzessionsantrag für die drei Strecken steckte nicht nur die Idee, das Verfahren zu vereinfachen und zu beschleunigen. Aus zum Teil erhalten gebliebenen persönlichen Aufzeichnungen eines Provinziallandtagsabgeordneten sowie des WLE-Direktors Friedrich Samuel Schönfeld[63] geht hervor, dass die nach wie vor sich kaum als Preußen fühlenden Westfalen[64] durchaus weiterreichende Ziele verfolgten.[65] Nicht von ungefähr hatte sich die Warstein-Lippstadter Eisenbahn 1896 in Westfälische Landes-Eisenbahn umbenannt, und es waren auch keineswegs nur rein wirtschaftliche Interessen, die den Provinziallandtag zu einer wiederholten Beteiligung des Provinzialverbandes als Großaktionär bewogen. Auch das Prinzip, vor allem die Anrainer-Kommunen als Kapitalzeichner zu gewinnen, barg neben ökonomischen Gesichtspunkten vor allem ein eher ideelles, wenn nicht gar ein ideologisches Moment, nämlich jenes der lokalen und regionalen Identifikation mit der WLE als dem westfälischen Bahnunternehmen schlechthin. Und eine eigene Landes-Eisenbahn statt jener der Königlich Preußischen Eisenbahn-Verwaltung (K.P.E.V.) mit zu besitzen, spielte für die große Mehrheit der Westfalen, die sich auch fast 90 Jahre nach dem Wiener Kongreß von 1815 noch immer nicht so recht mit ihrer aufgezwungenen preußischen Zwangsbürgerschaft abzufinden vermochten[67], eine nicht zu unterschätzende Rolle. Die Pläne der WLE wie auch zahlreicher Ständevertreter gingen deshalb spätestens seit 1896 in Richtung eines regelrechten Landeseisenbahn-Netzes. Mit der Eröffnung der Sennebahn und nur einen Monat später der Nordbahn sowie am 30. September 1903 der Strecke Neubeckum–Münster[67] schien man diesem insgeheimen Ziel ein großes Stück nähergerückt.

Freilich blieben derartige Bestrebungen auch im fernen Berlin nicht gänzlich verborgen. Und so verfuhr man seitens Preußens mit der Provinz Westfalen auch in Sachen Eisenbahn nach probatem Mittel: Teile und herrsche! Den Bau der ursprünglich vom Nordbahnkomitee und der WLE projektierten Zweigstrecke von Heek über Ochtrup, Wettringen und Neuenkirchen bis nach Rheine und damit bis an die schiffbare Ems behielt sich Preußen ebenso vor[68] wie etwa die Erlaubnis zu durchgehenden Sennebahnzügen von Paderborn bis Rheda. Die Staatsbahnstrecke Ochtrup–Rheine wurde am 15. Oktober 1905 eröffnet, das Teilstück Ochtrup–Heek wohlweislich nie gebaut. Auch die Genehmigung durchgehender WLE-Züge Paderborn–Rheda blieb aus. Und in der Provinzhauptstadt Münster mußten die Landesbahner fast fünf Jahrzehnte im eigenen Bahnhof Münster Ost, wenige 100 Meter östlich des Hauptbahnhofs, Kopf machen, weil der Anschluß an die Staatsbahn, wie er von der WLE von Anfang an projektiert war[69], verweigert wurde. Erst die schweren Zerstörungen

Bereits Anfang der 30er-Jahre rationalisierte die WLE den Reiseverkehr auf der Nordbahn durch den Einsatz eines Triebwagens. Für einen Schnappschuß schwang sich die Dame auf einen Tritt an der Vorderfront des VT 1.
Foto: WLE-Archiv

Gut angeseilt befreiten die Eisenbahner der WLE die Vechtebrücke bei Metelen von Eisschollen – eine nicht ungefährliche Arbeit. Foto: WLE-Archiv

Münsters bei den Luftangriffen im Zweiten Weltkrieg, die auch die WLE-Anlagen in Mitleidenschaft zogen[70], machten schließlich den Weg frei: Am 15. Mai 1949 fuhr der erste WLE-Personenzug an Bahnsteig 5 in den Münsteraner Hauptbahnhof ein. Welche Bedeutung die Bevölkerung diesem Ereignis beimaß, zeigte der triumphale Einzug der Landes-Eisenbahn mit allen Attributen eines Volksfestes. *»Daß die Westfälische Landes-Eisenbahn in schwerster Zeit unter großen Opfern das Projekt des Anschlusses zur Ausführung brachte, ist ganz besonders anzuerkennen. Wir beglückwünschen sie zu der Vollendung des Werkes und freuen uns, ihr im Hauptbahnhof Münster heute unseren kameradschaftlichen Gruß entbieten zu können«*[71], schlug die Reichsbahndirektion Münster damals kurz vor Beginn der Bundesbahnära endlich versöhnliche Töne an.

Doch zu Preußens Glanz- und Gloria-Zeiten war daran nicht zu denken. Im Gegenteil: Hinsichtlich der Westfälischen Nordbahn behielt sich der Staat sogar ausdrücklich vor, *»die Bahn von Borken nach Burgsteinfurt mit Abzweigung von Stadtlohn nach Vreden jederzeit, jedoch nicht vor Ablauf von 15 Jahren seit ihrer Betriebseröffnung gegen Erstattung der von der Gesellschaft aus eigenen Mitteln aufgewendeten notwendigen und nützlichen Anlagekosten eigentümlich zu erwerben.«*[72] Aus Sicht Preußens machte das auch Sinn, hatte doch die K.P.E.V. von Bocholt her 1902 Borken erreicht und am 1. August diese Strecke eröffnet. Die Staatsbahn war zwar wenige Wochen schneller als die WLE, gleichwohl aber trug der gemeinsame Borkener Bahnhof den Stempel der Landes-Eisenbahn. Kein Wunder, die WLE-Anlagen waren bereits errichtet, noch ehe Preußens Staatsbahner die Stadt erreicht hatten.

Im Nachhinein mag man es als böses Omen betrachten, damals nahmen´s die Festgäste mit Humor: Eine unweit von Almsick entgleiste WLE-Lok hinderte den Eröffnungszug an der abendlichen Rückfahrt von Stadtlohn über Ahaus nach Burgsteinfurt. Das improvisierte Picknick im Grünen bei Pechfackeln und westfälischem Liedgut dauerte, ehe ein Ersatzzug mit offenen Güterwaggons, von Ahaus her kommend, die frohgestimmte Runde einsammelte.

Die insgesamt 63,7 km lange Nordbahn, davon 9,2 km auf den Abzweig Stadtlohn–Vreden entfallend, verfügte bei der Eröffnung über zehn Bahnhöfe und zunächst vier, später sechs Haltepunkte. In Borken, Ahaus und Burgsteinfurt bestanden Anschlüsse an das Staatsbahnnetz. Die dortigen Bahnhöfe, bis auf die WLE-Gebäude in Borken in K.P.E.V.-Besitz, wurden gemeinsam genutzt. Der nordwestliche Teil des Borkener Bahnhofsareals mit dem im Zweiten Weltkrieg zerstörten Empfangsgebäude, Gü-

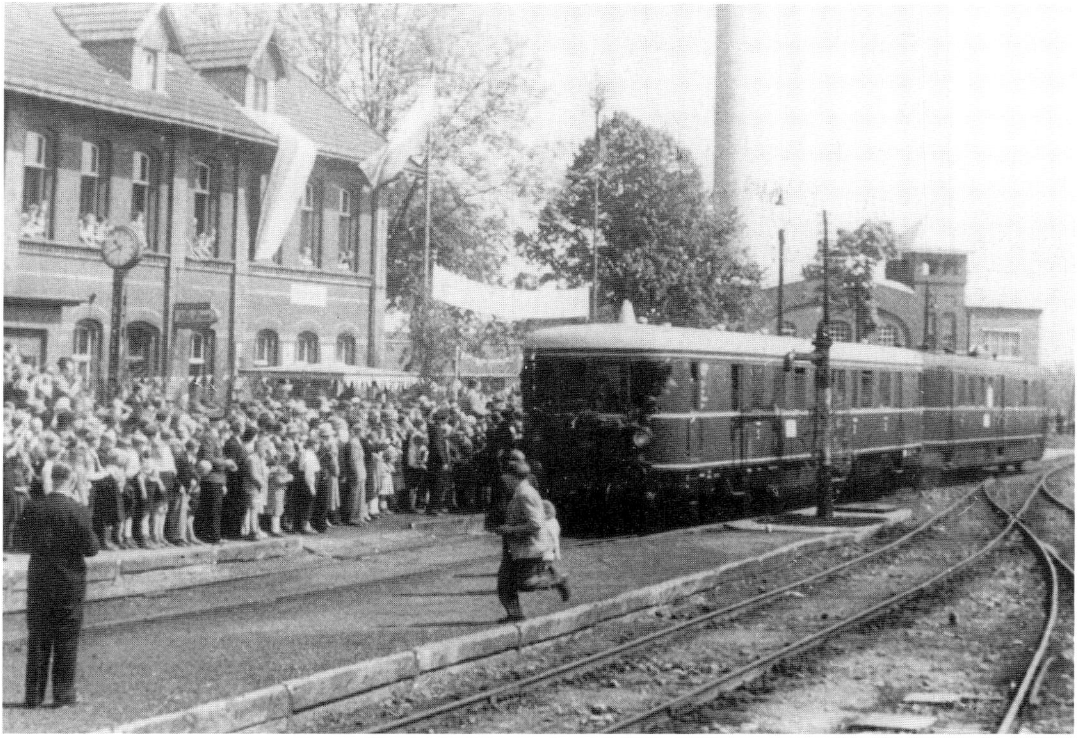

Der »Grenzland-Expreß« der Deutschen Bundesbahn befuhr die Nordbahn zwischen Ahaus und Borken. Zahlreiche Einwohner Stadtlohns empfingen die erste Triebwageneinheit am 20. Mai 1951. Foto: WLE-Archiv

terschuppen, Bahnsteig, Lokbehandlungsanlagen, Laderampe und Ladestraße gehörte der WLE. Der größere südöstliche Teil mit Ablaufberg und zeitweilig bis zu 20 Durchgangs-, Umfahr-, Bereitstellungs-, Abstell- und Behandlungsgleisen einschließlich einer 16,1-Meter-Drehscheibe unterstand der Staatsbahnverwaltung. Die Anbindung der Nordbahn an die Staatsbahnstrecken nach Bocholt und, 1904 eröffnet, nach Coesfeld erfolgte über zwei Einfädelungen am südöstlichen Ende des Güterbahnhofs, gedacht ohnehin nur für Übergabefahrten im Güterverkehr.

Auf dem Weg nach Norden, nur wenige 100 m noch in Sichtweite der Bocholter Linie, war erster Haltepunkt der neuen WLE-Strecke unweit des gleichnamigen Wasserschlosses Gemen, wo die Witwe Eimers Fahrkarten verkaufte, wie aus dem Erläuterungsbericht Friedrich Schönfelds hervorgeht.[73] Auf den folgenden Bahnhöfen Weseke, Südlohn und Stadtlohn bestanden die betrieblichen Hochbauten aus Stationsgebäuden, Nebengebäuden, Güterschuppen und festen Verladerampen. Der südlich Stadtlohns gelegene Haltepunkt Hundewick besaß ein eigenes Anschlußgleis zur dortigen Kalkgewinnung. Stadtlohn, wegen der hier abzweigenden Stichstrecke nach Vreden von größerer Bedeutung, verfügte über insgesamt elf Gleise, zwei Mittelbahnsteige, Stellwerk, einen dreiständigen Lokschuppen mit Werkstatt, Kohlenbühne, Löschegruben und, 100 m jenseits des Bahnübergangs am nordöstlichen Bahnhofsende, einen Wasser-

Auch in den 50er-Jahren konnte die WLE auf ihre T 3 noch nicht verzichten. Lok 0051 bespannte am 11. September 1957 den P 57 von Stadtlohn nach Borken.
Foto: WLE-Archiv

Im Bf Stadtlohn wartete am 20. Dezember 1960 der modernisierte vierachsige VT 1011 auf neue Einsätze. Die WUMAG in Görlitz hatte das Fahrzeug 1935 für die WLE gebaut.
Foto: WLE-Archiv

turm. In Stadtlohn kreuzten die Personenzüge aus Vreden, Burgsteinfurt und Borken. Aufwendigster Kunstbau der gesamten Nordbahntrasse war die dreibogige Steinbrücke über die Berkel bei Stadtlohn. Auch der Kopfbahnhof in Vreden besaß einen zweiständigen Lokschuppen sowie Behandlungseinrichtungen. Wessendorf und später Wenningfeld waren die beiden Haltepunkte an der Zweigstrecke. Nach Passieren des Bahnhofs Almsick und des Haltepunktes Quantwick kreuzte die Nordbahn, ähnlich der WLE-Stammstrecke im Lippstädter Hauptbahnhof, im Bahnhof Ahaus niveaugleich die Staatsbahnlinien Coes-

In den 50er-Jahre setzte die DB für den »Grenzland-Expreß« neben Einheiten des VT 60.5 auch Garnituren des VT 36 ein, die auch von Unfällen nicht verschont blieben. VT 36 505 entgleiste am 26. Mai 1960 zwischen Südlohn und Hundewick. Personen kamen nicht zu Schaden. Am 20. Mai war die Nordbahn wieder frei.
Foto: WLE-Archiv

Nebenbahnidylle gab es in den 50er-Jahren noch im Bahnhof NienborgHeek zu erleben. Nach den Rangierarbeiten setzte sich die Lok 0074 vor ihren kurzen Nahgüterzug und ergänzte erst einmal ihren Wasservorrat.
Foto: WLE-Archiv

feld–Gronau und Coesfeld–Enschede. Im Bahnhof Ahaus hatte die WLE einen eigenen Lagerschuppen bauen lassen.[74] Mit einer Wendung nach Nordosten erreichte die Westfälische Nordbahn nach Passieren des Haltepunkts Ahler Kapelle den Bahnhof Nienborg-Heek, von dem ursprünglich einmal die Linie nach Rheine abzweigen sollte. Vielleicht auch wegen dieses Projekts hatte die Landes-Eisenbahn, die zwischen den Staatsbahnhöfen

Mit sechs Wagen im Schlepp dürfte die Lok 0074 noch lange nicht an ihrer Leistungsgrenze gewesen sein. Bevor mit dem Rangieren begonnen wird, besprechen Lokführer und Rangierleiter in Nienborg-Heek, was zu tun ist. Foto: WLE-Archiv

Ahaus und Burgsteinfurt nur noch die Station Metelen-Ort besaß, Heek zu einem Versorgungsstützpunkt ausbauen lassen. Ein zweiständiger Lokschuppen mit Werkstattanbau, Behandlungsanlagen sowie ein unmittelbar neben dem Stationsgebäude stehender, wie dieses von dem ortsansässigen Bauunternehmer Adolf Münstermann[75] nach dem Standardisierungsentwurf der WLE[76] ausgeführter Wasserturm gehörten zu den Betriebseinrichtungen. Auf halber Strecke zwischen Heek und Burgsteinfurt machten die Züge noch im Bahnhof Metelen-Ort Station. In strengen Wintertagen mußten die Nordbahner einst nicht selten auch angeseilt Kopf und Kragen riskieren, wenn sich wieder einmal Eisschollen an der Vechtebrücke bei Metelen stauten und die Eisenbahnquerung bedrohten. Einer der wenigen späteren Neubauten an der Nordbahn war das Anschlußgleis für die Vereinigten Elektrizitäts-Werke (VEW) in Metelen, das erst 1955 gelegt wurde. In Bahnhof Burgsteinfurt, dem nördlichen Endpunkt der WLE-Strecke, verfügte die Nordbahn über den eigenen Bahnsteig 3, gleich hinter dem Stellwerk, und besaß auch einen eigenen, ursprünglich zwei-, zuletzt nur noch einständigen Lokschuppen. Die Anbindung an die Staatsbahnstrecke Münster–Gronau erfolgte über eine Gleisharfe mit eingleisiger Einfädelung. Auch eine Anbindung an die 1879 eröffnete Staatsbahnstrecke Rheine–Oberhausen bestand, war aber nur in Sägefahrt durch den Personenbahnhof zu erreichen. Eine Möglichkeit zum Drehen der Dampflokomotiven bestand nicht.

Fünf Zugpaare täglich verkehrten in den Anfagsjahren auf der Nordbahn. Für Pendler gab es morgens allerdings nur die Möglichkeit, per Eisenbahn von Stadtlohn Richtung Burgsteinfurt zu fahren. Der erste Personenzug mit II. und III.

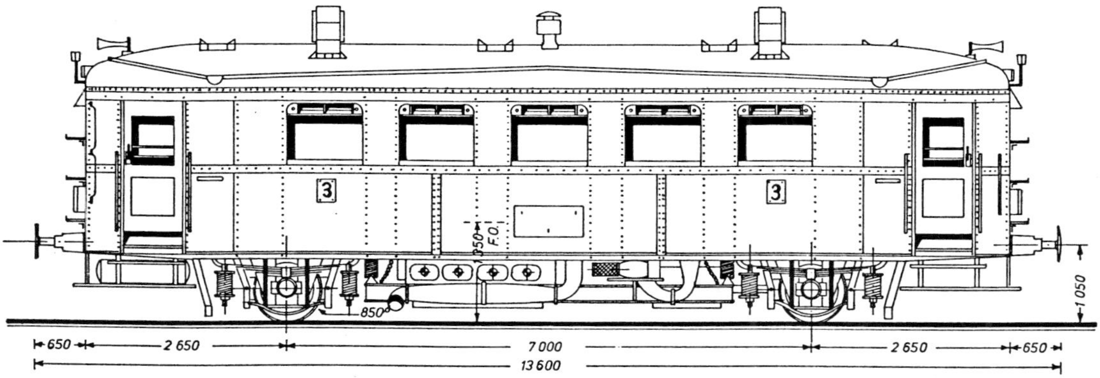

Die WLE setzte bereits Ende der 20er-Jahre die Triebwagen VT 1 und VT 2 auf der Nordbahn im Reiseverkehr ein. Zeichnung: F. Risse

Den zum VT 1011 umgebauten DT 1 setzte die WLE von Warendorf zur Nordbahn um. Zeichnung: F. Risse

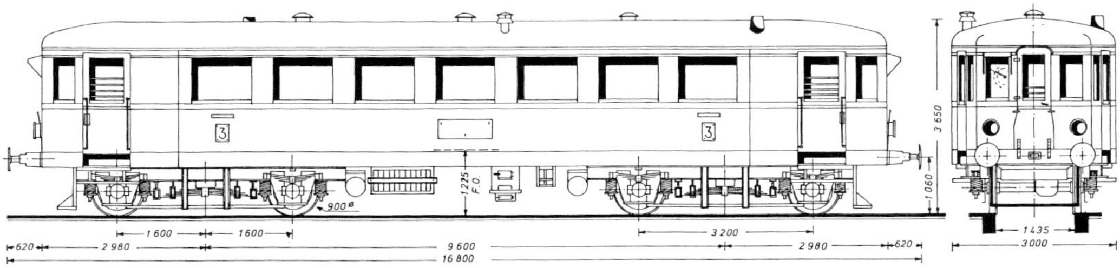

Klasse verließ Stadtlohn um 6.32 Uhr; planmäßige Ankunft in Burgsteinfurt um 7.40 Uhr. Für alle anderen Zugverbindungen lief vor 8 Uhr gar nichts. Der Abendzug von Burgsteinfurt endete um 20.23 Uhr in Stadtlohn, der Spätzug aus Borken um 21.26 Uhr in Vreden.[77] Die von der Bevölkerung liebevoll als »Pengel-Anton« - für Nichtwestfalen: Pengel ist nichts anderes als eine Bimmel – ins Herz geschlossenen dampflokbespannten Züge fuhren von Anfang nicht die von den Aktionären erwarteten Gewinne ein. Der Güterverkehr ließ sich zwar nicht schlecht an, doch der WLE-Inselbetrieb mit zeitraubenden Übergaben und fehlender direkter Anbindung an die Emsschiffahrt schlug sich als gewichtiger Kostenfaktor auf die Kalkulation nieder. Beim Personenverkehr wurde schon vor dem Ersten Weltkrieg deutlich, dass die Erwartungshaltung der Anrainer-Kommunen, gleichzeitig Anteilseigner, und der zumindest auf Kostendeckung bedachten Direktion der Westfälischen Landes-Eisenbahn nicht in Einklang zu bringen waren. Dass überhaupt Dividenden gezahlt wurden, lag nicht an der lukrativen Nordbahn, sondern vielmehr an der Mischbilanz, die zum Ausgleich insbesondere die weitaus besser florierende Stammstrecke Warstein–Lippstadt–Beckum und ihre zweite Verlängerung von Neubeckum nach Münster heranzog. Die unbefriedigende Ertragslage ließen wohl auch Preußen und hernach die Deutsche Reichsbahn-Gesellschaft davon Abstand nehmen, die Nordbahn zu enteignen. Schließlich war die WLE mit der Konzessionserteilung verpflichtet worden, *»über die Bahn von Borken nach Burg-*

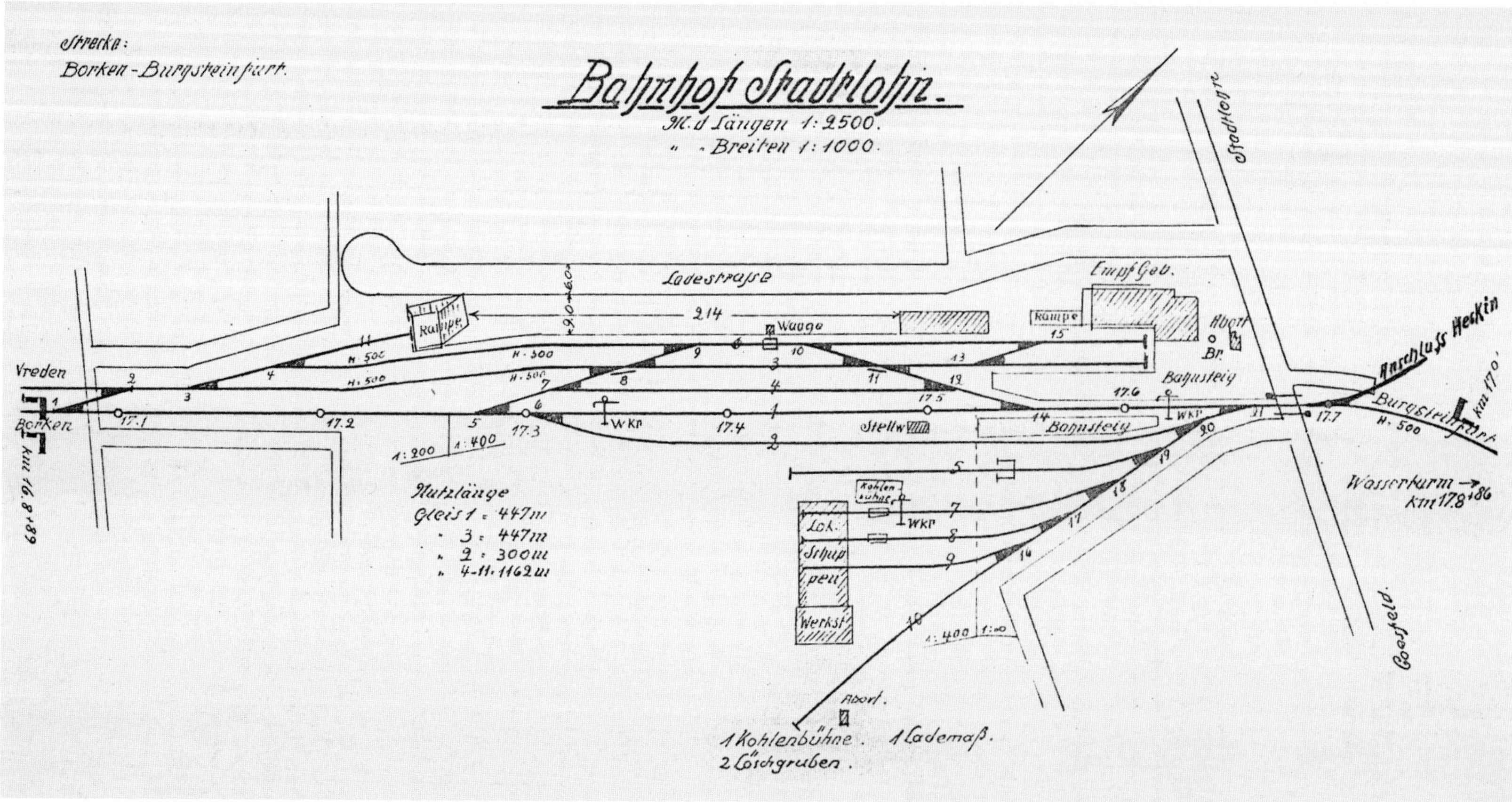

Gleisplan des Bahnhofs Stadtlohn. Abbildung: WLE-Archiv

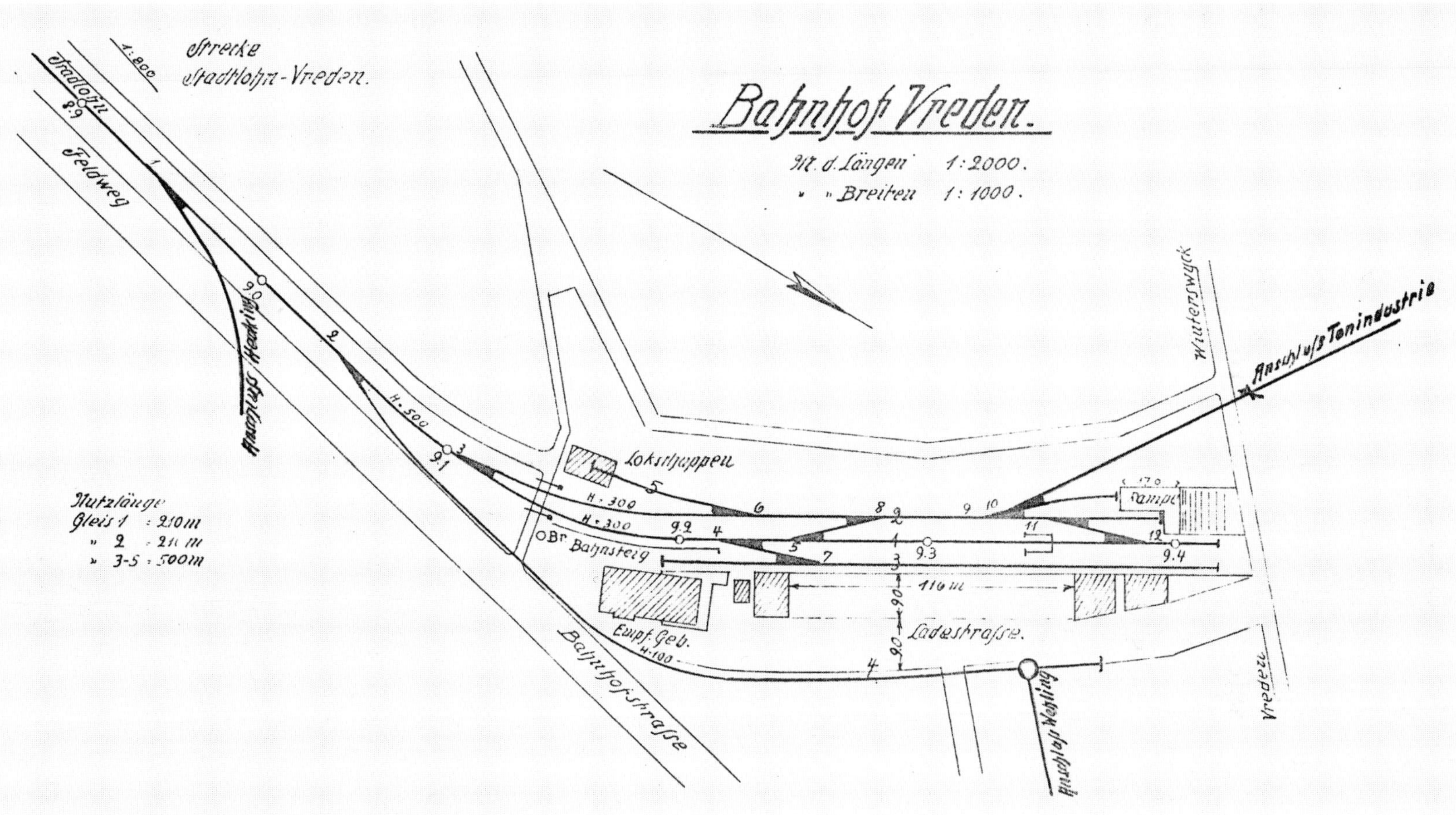

Gleisplan des Bahnhofs Vreden. Abbildung: WLE-Archiv

steinfurt mit einer Abzweigung von Stadtlohn nach Vreden nach Vorschrift der Aufsichtsbehörde eine besondere Rechnung zu führen.«[78] Die Inflationsjahre der Weimarer Republik brachten weitere Probleme. Auch die Verbesserung des Reisekomforts und der Einsatz des von der Sennebahn abgezogenen, fortan in Stadtlohn beheimateten Verbrennungstriebwagens VT 1, brachten keine wirklich durchgreifende Verbesserung. Die Konsolidierungsphase endete in den Bombennächten des Zweiten Weltkriegs, als die Nordbahn ähnlich starke Zerstörungen zu beklagen hatte wie der WLE-Abschnitt Neubeckum–Münster.

Von da an nahm die Geschichte der Nordbahn einen ähnlichen Verlauf wie die der Möhnetalbahn. Mit der jungen Bundesbahn und dem »Grenzland-Expreß« kam so etwas wie Aufbruchsstimmung auf. Der Eiltriebwagen, zunächst VT 60.5 und VT 36, ab den 60er-Jahren Triebzüge der Baureihe 624, verband Bentheim mit dem Ruhrgebiet und fuhr von Ahaus bis Borken auf der Nordbahn. Der am 20. Mai 1951 gestartete Versuch, zu dem DB, WLE und Bentheimer Eisenbahn eigens einen frühen Verkehrsverbund ins Leben riefen, sollte immerhin fast ein Vierteljahrhundert überdauern. Derweil ging freilich der normale Reiseverkehr langsam, aber stetig zurück. Ein Aus auf Raten begann. Zum 1. Juni 1958 wurde zunächst der Personenzugverkehr zwischen Stadtlohn und Vreden eingestellt. Am 13. November 1959 endete der dampflokbespannte Reisezugbetrieb zwischen Stadtlohn und Borken. Fortan fuhren auf diesem Streckenabschnitt nur noch Triebwagen. Mit der Einstellung des WLE-Reisezugverkehrs auf der gesamten Nordbahn am 30. September 1962 fand Personenbeförderung nur noch zwischen Ahaus und Borken mit dem Grenzland-Expreß der Bundesbahn statt. Auf Antrag veranlaßte das nordrhein-westfälische Ministerium für Wirtschaft, Mittelstand und Verkehr zum 1. November 1972 die Einstellung des Güterverkehrs auf dem Streckenabschnitt Ahaus–Burgsteinfurt sowie die Stillegung. Eine von Anteilseignern und Industrieanschließern gegründete Interessengemeinschaft erreichte immerhin, dass der Güterverkehr zwischen Ahaus und Nienborg-Heek schon Anfang 1973 wieder aufgenommen wurde, nun allerdings durch die Bundesbahn. Von Heek bis Burgsteinfurt wurden die Gleise jedoch abgebaut. Der Wasserturm in Nienborg-Heek stand noch bis 1967, ehe er am 11. Oktober der Abrißbirne zum Opfer fiel. Mit der Einstellung jeglichen Reisezugbetriebs bei der WLE am 28. September 1975 – Bauernopfer für die dringend notwenige Sanierung der Gesellschaft – fuhr auch der Grenzland-Expreß zum letzten Mal über die Nordbahn. Auch seine Fahrgäste waren weniger geworden, der Verbund war in die roten Zahlen geraten. Die Stillegung des Streckenabschnitts Stadtlohn–Ahaus folgte. Auf dem verbliebenen Rest Borken–Stadtlohn mit Abzweig Vreden herrschte nur noch bescheidener Güterzugverkehr, den ab dem 1. April 1984 die Bundesbahn übernahm. Ein Nahgüterzug täglich war alles, was von der einst mit so großer Begeisterung eröffneten Westfälischen Nordbahn übrig geblieben war. Im Januar 1988 war dann auch auf diesen letzten 27 km Schluß: Am 29. Januar fuhr der allerletzte Güterzug. Ab dem 9. Februar 1988 wurde auch dieser Nordbahnrest abgebaut. Versuche der Eisenbahnfreunde Stadtlohn, wenigstens einen Teil für einen bescheidenen Museumsbetrieb zu erhalten, schlugen fehl. So wenig spektakulär wie gelegentliche Entgleisungen verlaufen waren, so wenig spektakulär reagierte die Bevölkerung auf das Betriebsende. Die Nordbahn war halt schon lange nicht mehr der liebgewonnene »Pengel-Anton«.

51 »Die Eröffnung der Westfälischen Nordbahn«, zeitgenössischer Bericht des Ahauser Kreisblatts vom 1. Oktober 1902; Sammlung Haucke

52 Die für die Münster-Enscheder Eisenbahn-Gesellschaft konzessionierte Strecke Münster–Gro-

nau übernahm die K.P.E.V. sogar schon vor der Fertigstellung.

53 Abschriften der Sitzungsprotokolle im WLE-Archiv

54 Zunächst hatte man u.a. mit der Firma Degen, Spiekerhoff und Cie. (Sönderop Nachfolger) in Hannover verhandelt; Sitzungsprotokoll des Komitees vom 21. September 1895, a.a.O.

55 Schreiben der genannten Gemeinden vom Febrauar 1898 an die Mitglieder des Provinziallandtages; Sammlung Haucke

56 ebd.

57 WLE-Archiv

58 WLE-Archiv

59 ebd.

60 »Verzeichnis der Zeichner der neuen Stamm-Actien (Lit F) und der neuen Prioritäts-Stamm-Actien (Lit F)«, WLE-Archiv

61 Kopie im WLE-Archiv

62 »Konzessions-Urkunden«-Büchlein der WLE, gedruckt bei Vogel & Wirth in Lippstadt, o.J., Sammlung Haucke

63 in Privatbesitz; Teile im WLE-Archiv

64 vgl. Gustav Engel: Politische Geschichte Westfalens. 3. revidierte Auflg. Köln 1969, S. 241 ff

65 Das klingt auch in der Drucksache Nr. 12 des Provinzial-Ausschusses vom 26. Februar 1898 (WLE-Archiv) an: »Die Herstellung einer direkten Eisenbahn-Verbindung Lippstadt–Beckum–Münster hat die betheiligten Interessenten-Kreise schon seit längerer Zeit beschäftigt.«

66 Gustav Engel, a.a.O., S. 272

67 Stadtarchiv Lippstadt, WLE-Akte 1092

68 Ausdrücklich in dem Zeitungsbericht vom 1.Oktober 1902 (siehe Anm. 51) erwähnt.

69 »Erläuterungsbericht zu dem Entwurfe einer vollspurigen Nebenbahn Beckum-Ennigerloh nach Münster« von Friedrich Schönfeld, 30. August 1897, WLE-Archiv

70 Berichte der WLE-Bahnmeisterei über »Schäden durch Terrorangriff«, beispielsweise am 11.November 1943, WLE-Archiv

71 Grußadresse im WLE-Archiv

72 Absatz V der Konzessions-Urkunde

73 WLE-Archiv

74 vgl. Schreiben Friedrich Schönfelds vom 22. August 1905; WLE-Archiv

75 ebd.

76 Konvolut von Entwürfen zu einer »(Normal-) Wasser-Station«; WLE-Archiv

77 Fahrpläne im WLE-Archiv

78 Absatz VI der Konzessions-Urkunde; dieser Passus wurde erst durch Urkunde des Reichsverkehrsministeriums vom 31. Mai 1941 aufgehoben

7

Die Dampflokomotiven

Deutlich früher als bei der Bundesbahn erloschen in den Dampflokomotiven der WLE die Feuer. Nach 88 Jahren ging mit der Verschrottung der letzten Maschine, des Borsig-Fünfkuppiers mit der WLE-Betriebsnummer 0122, im Juli 1971 die Dampfära bei der Landes-Eisenbahn definitiv zu Ende. Rund 500 PS bei 104,1 t Dienstgewicht und einer Höchstgeschwindigkeit von 65 km/h hatte diese letzte WLE-Dampflok der Gattung Gt 57.15 zu bieten.

Die Anfänge waren wesentlich bescheidener. Ein B-Kuppler, eigentlich für die Dortmunder Zeche Germania bestimmt, stand am Beginn der Triebfahrzeug-Geschichte. Die Zweizylinder-Naßdampflok, 1882 von der Hohenzollern AG gebaut, hatte ein Dienstgewicht von 16,6 t und erreichte die gemächliche Spitzengeschwindigkeit von 30 km/h. Die Maschine mit dreischüssigem, genieteten Kessel, Antrieb des zweiten Kuppelradsatzes und Allan-Steuerung entsprach dem Bautyp »Victor I«, verwandt mit den u.a. ebenfalls bei Hohenzollern gefertigten preußischen T 2, und wurde von dem Düsseldorfer Unternehmen hauptsächlich an Gruben und Fabriken ausgeliefert. Die auf den Namen »Möhne« getaufte Lok war

Eine Maschine des Hohenzollern-Typs »Victor I« setzte die WLE zwischen 1882 und 1887 im Bauzugdienst ein.
Foto: Sammlung F. Risse

Jahrzehntlang war die preußische T 3 das Rückgrat in der Zugförderung bei der WLE. Die 1901 von Borsig gebaute Lok Nr. 54 rangierte in den 50er-Jahren in Burgsteinfurt. Foto: WLE-Archiv

von vornherein nicht für den Streckeneinsatz, sondern für den Rangierbetrieb vorgesehen[79] und versah während des Streckenbaus Hilfsdienste als Bauzuglok. Bereits 1887 wurde die Maschine wieder verkauft.

Mit der Eröffnung der Warstein-Lippstadter Eisenbahn 1883 kamen die im selben Jahr bei Henschel in Kassei gebauten, für die damalige Zeit hochmodernen beiden C-Kuppler »Warstein« und »Lippstadt«, spätere WLE-Betriebsnummern 1 und 2, zum Einsatz. Die unter den Fabriknummern 1486 und 1487 ausgelieferten Tenderloks waren eng verwandt mit der preußischen T 3, deren erste Henschel mit der Fabriknummer 1423 im Vorjahr an die Königliche Eisenbahn-Direktion Hannover geliefert hatte. Kaum ein Jahr nach dieser ersten dreifach gekuppelten preußischen Normal-Tenderlokomotive verfügte auch die WLE bereits über zwei sehr ähnliche, noch vor der Jahrhundertwende mit Dampfdom nachgerüstete Naßdampfer, die bei einem Dienstgewicht von 23 t und einem Höchsttempo von 40 km/h auch noch Steigungen von zehn Promille mit 180 t am Haken und 25 km/h bewältigten. Beide Loks blieben bis zum Verkauf 1908 an die Hannoveraner Firma Schmidt auf der WLE-Stammstrecke im Einsatz. Drei weitere C-Kuppler dieser Bauart, allerdings mit vergrößerten Wasserkästen und Kohlebehälter mit Aufsatz, damit erhöhtem Dienstgewicht bei vollen Vorräten von 29,2 t, erweiterten Zylinderdurchmessern und so auch größerem Kolbenhub, verstärkten zwischen 1884 und 1889 den Dampflokpark. Die »Von Droste-Hülshoff«, spätere Betriebsnummer 3, kam 1884 aus der Henschel-Lokschmiede, ebenso die 1889 gelieferte »Bergenthal«, spätere Betriebsnummer

Als 0064 hielt die ehemalige Lok Nr. 64 am 11. September 1956 in Borken. Typisch für die T 3 der WLE waren die auf dem Umlauf befestigten Handwinden, mit denen die Maschine bei Entgleisungen wieder auf die Schienen gehoben werden konnte. Foto: WLB-Archiv

4. Die »Westfalen«, spätere Betriebsnummer 5, dagegen lieferte 1885 die Maschinenfabrik Esslingen aus. Alle drei Tenderlokomotiven besaßen wie die »Lippstadt« und die »Warstein« eine Allan-Steuerung, wurden über den zweiten Kuppelradsatz angetrieben und waren mit Heberlein-Bremse ausgerüstet. Die drei neuen Maschinen entsprachen bis auf wenige Details bereits weitgehend den preußischen T 3 der ersten Ausführung. Bei wachsenden Lasten im Güter- wie im Personenzugverkehr waren für die Bewältigung der Haarsteigung mindestens zwei Lokomotiven erforderlich. Während dabei die Zugmaschine in der Regel mit Rauchkammer voraus fuhr, schob die zweite Lokomotive mit Tender voran nach. Lok 3 und Lok 4 wurden 1908 ausgemustert und an die Staatsbahn des mit den Achsenmächten befreundeten Königreichs Rumänien verkauft. Die Lok 5 verblieb bis 1909 bei der WLE, um dann bei der neuen Besitzerin, der Kleinbahn Gittelde–Bad Grund, Dienst zu tun.

Angesichts der sich abzeichnenden Streckenerweiterungen um die Abschnitte Lippstadt–Beckum, Neubeckum–Ennigerloh und Ennigerloh–Freckenhorst sowie der Realisierung der Möhnetalbahn beschaffte die Westfälische Landes-Eisenbahn zwischen 1897 und 1899 weitere 14 dreifach gekuppelte Naßdampf-Tenderloks, die sämtlich bei der Hohenzollern AG gefertigt wurden. Damit erhöhte sich der Triebfahrzeugbestand noch vor der Wende zum 20. Jahrhundert auf 19 Maschinen. Mit außenliegender Allan-Steuerung, Dampfdom auf dem mittleren Kesselschuß, Ramsbottom-Sicherheitsventil auf dem Stehkesselscheitel vor der Führerhausstirnwand, Zweizylinder-Naßdampftriebwerk mit außenliegenden, waagerecht ausgerichteten Zylindern entsprachen die *»C-Nebenbahn-Tenderlokomotiven«*[80] aus Düs-

Die Lokomotiven Nr. 51–65
Zeichnung: F. Risse

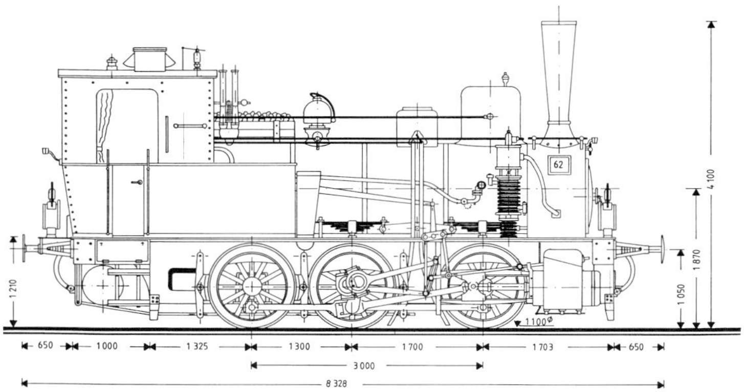

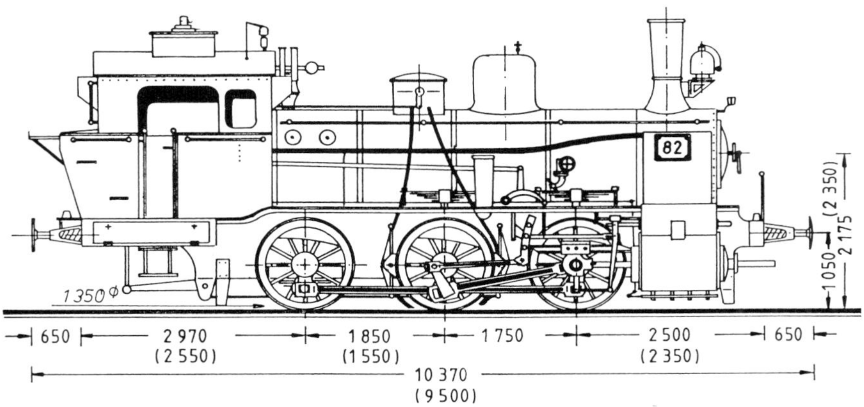

Die Lokomotiven Nr. 81–83 und Nr. 84–85. Zeichnung: F. Risse

Die Lokomotiven Nr. 101–103. Zeichnung: F. Risse

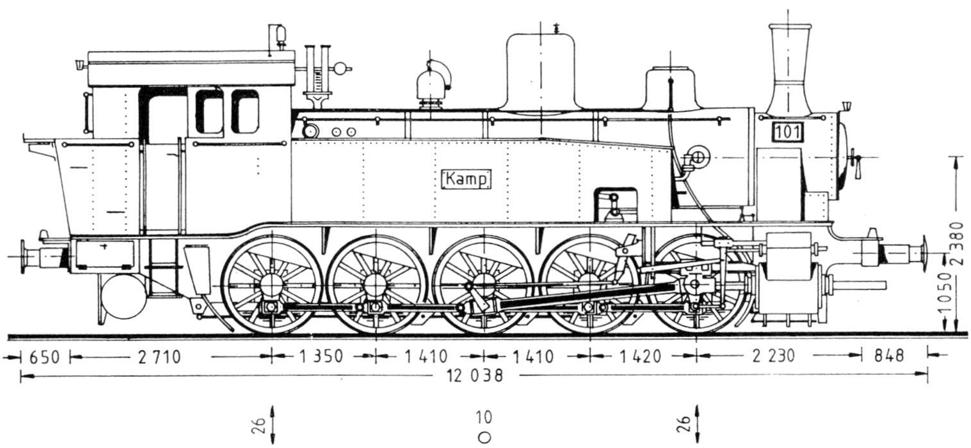

Für deutsche Verhältnisse ungewöhnlich war die Achsfolge C1´ bei den WLE-Lokomotiven Nr. 91–96 und Nr. 97–98. Mit einem Personenzug verließ 1964 die Lok Nr. 94 Neubeckum. Wenige Wochen später, im Oktober 1964, musterte die WLE die Maschine aus. Foto: WLE-Archiv

seldorf, von geringfügigen Abweichungen abgesehen, den preußischen T 3 der Normalbauart. Die spätere Betriebsnummernzuordnung stimmte zwar nicht mit der Beschaffungschronologie, doch die Namensgebung eines Großteils der Lokomotiven entsprach ihrem vorgesehenen Haupteinsatzgebiet: »Lippe« und »Glenne«, spätere Betriebsnummern 8 und 9, sowie die »Beckum«, Betriebsnummer 19, waren beispielsweise für die Verlängerung der Stammstrecke von Lippstadt bis nach Beckum bestimmt; die »Soest«, »Brilon«, »Rüthen« und die »Möhne«, spätere Betriebsnummern 11, 14, 13 und 15, hatten sich vor allem auf der Möhnetalbahn zu bewähren. Ob die im Oktober 1898 gelieferte »Steinfurth«, spätere Betriebsnummer 18, allerdings schon für die noch nicht konzessionierte Nordbahn gedacht war, ist nicht gesichert. Immerhin deutet auch die »Von Landsberg«, Betriebsnummer 17, auf eine solche Vorwegnahme faktisch erst projektierter Einsatzgebiete hin. Waren bislang alle WLE-Loks in Lippstadt und Warstein beheimatet, so kamen nun zunächst Soest Thomätor und Beckum-Ost, später unter anderen Münster, Stadtlohn, Warendorf und Delbrück als Standorte hinzu. Die ca. 290 PS starken, 40 km/h schnellen Dreikuppler bewährten sich auf den WLE-Strecken und standen im Schnitt gut drei Jahrzehnte im Dienst. Den Vogel schoß die 1899 beschaffte »Plassmann«, Betriebsnummer 16, ab, die erst am 31. Dezember 1949 ausgemustert wurde. Nur Lok 8 und Lok 13 ereilte ein frühes Ende: Sie wurden 1915 und 1916 schadhaft ausgemustert. Eine WLE-Maschine kam sogar noch zu Reichsbahn-Ehren: Lok 17 wurde am 15. März 1937 an die Anhaltische Landes-Eisenbahn verkauft und her-

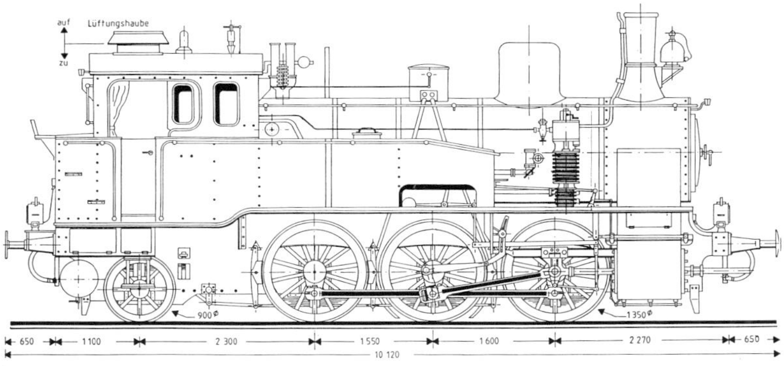

Die Lokomotiven Nr. 91–96. Zeichnung: F. Risse

nach bei der Dessau-Wörlitzer Eisenbahn eingesetzt; die DR reihte sie 1949 als 89 6106 in ihren Bestand ein. Lok 6 »Louis Haniel« und Lok 7 »Lieser« verkaufte die WLE am 30. November 1933 an die Dortmunder Gewerkschaft Engels. Am selben Tag wurden auch die Loks 9 und 11 an den Berliner Eisenbahnhändler Erich am Ende veräußert. Diesen Weg nahmen 1936, 1937 und am 13. Januar 1939 auch die Lokomotiven 14, 19 und 18. Bereits 1920 hatte die Kleinbahn Verden–Walsrode die »Overweg«, Betriebsnummer 10, benannt nach dem westfälischen Landeshauptmann, er-

Die Laufeigenschaften der von Hanomag gelieferten Loks Nr. 97–98 befriedigten nicht. Die WLE ließ die Maschinen deshalb bei Henschel in Kassel in 1´C1´-Tenderloks umbauen. Foto: WLE-Archiv

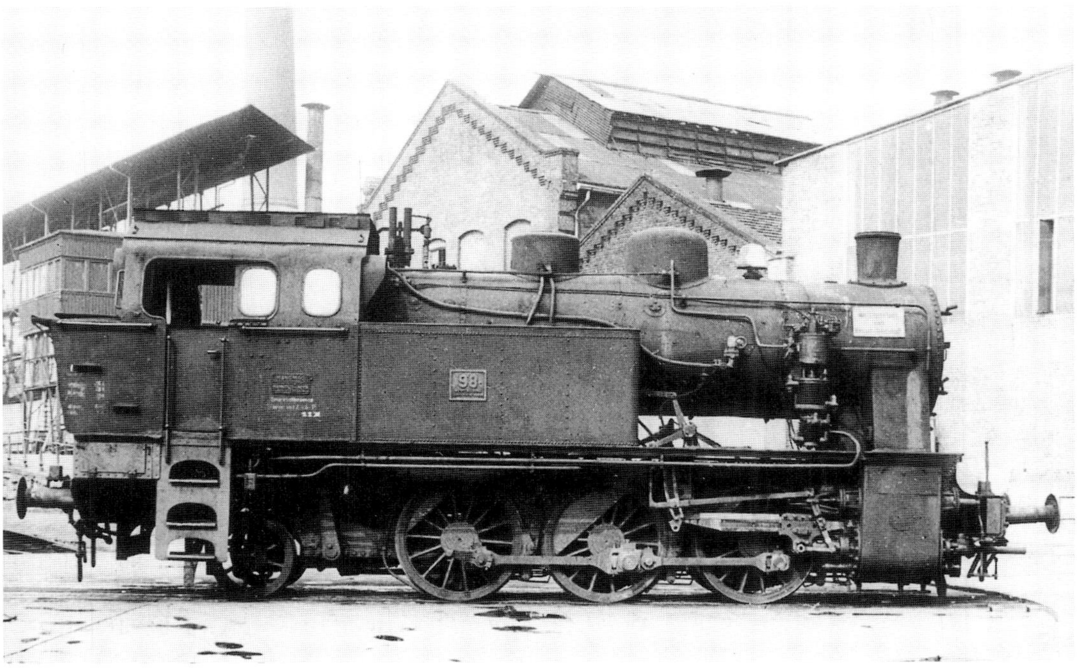

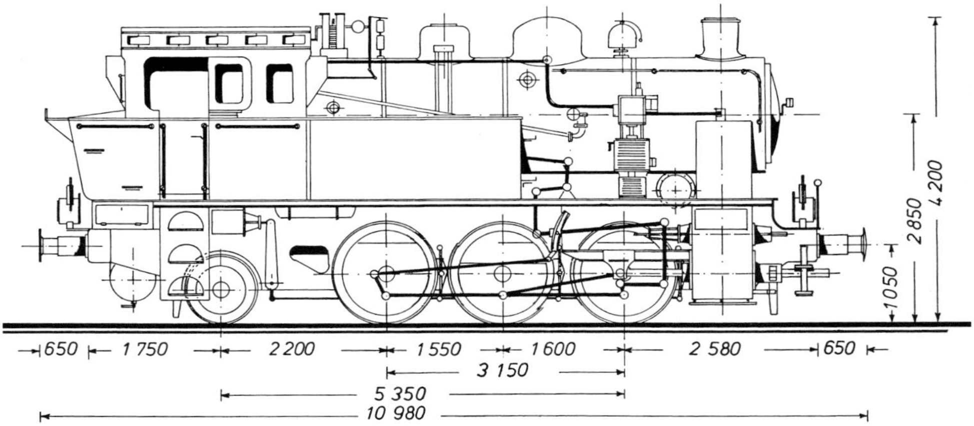

Die Lokomotiven Nr. 97–98. Zeichnung: F. Risse

Ein völlig anderes Aussehen hatten die beiden ehemaligen Loks Nr. 97 und 98 nach ihrem Umbau in 1'C1'-Maschinen. Die beiden nun als Nr. 37 und 38 bezeichneten Maschinen verkaufte die WLE 1962 an die Verwertungsfirma Erich am Ende. Foto: R. Todt/WLE-Archiv

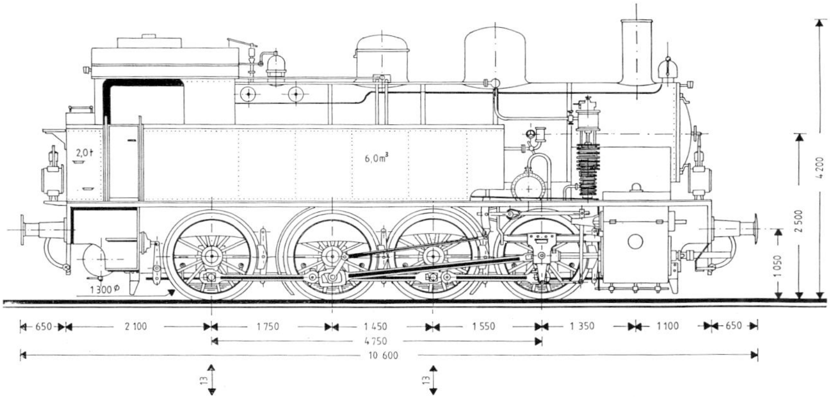

Die Lokomotiven Nr. 151–152. Zeichnung: F. Risse

Von der Deutschen Reichsbahn stammte die Nr. 0157 der WLE. Am 12. März 1960 wartete die Maschine in der Hauptwerkstatt, Lippstadt auf ihre Verschrottung. Foto: WLE-Archiv

Insgesamt sechs ehemalige preußische T 9.3 erwarb die WLE. Vier Maschinen wurden auf Heißdampf umgebaut. Zu ihnen gehörte die Lok Nr. 74, die in den 60er-Jahren im Bf Vreden rangierte. Foto: WLE-Archiv

worben. Im Olympiajahr 1936 musterte die WLE außerdem die »Belecke«, Betriebsnummer 12, und die »Möhne« aus.

Während mit Ausnahme der ersten »Möhne« zu Beginn des neuen Jahrhunderts noch alle bis dahin beschafften WLE-Maschinen im Einsatz standen, rollte aufgrund des sprunghaft wachsenden Streckennetzes schon die nächste Beschaffungswelle an. Just in dieser Phase führte die WLE statt der bis dato bei ihren Reisezügen gebräuchlichen Heberleinbremse die Luftsaugbremse System Hardy ein. Wieder waren es C-Kuppier der preußischen T 3, insgesamt 15, die 1901 und 1902 Borsig lieferte. Diese Maschinen der Gattung 33.11 unterschieden sich von der zweiten Generation der WLE-C-Kuppler, aber auch von den K.P.E.V.-Loks nur in Nuancen. So saßen nun die Sandfallrohre nicht mehr vor und hinter dem mittleren, sondern vor dem mittleren und hinter dem dritten Kuppelradsatz. Bei höherem Dienstgewicht trotz geringerer Kohlenvorräte eigneten sich diese Naßdampfer mit den Betriebsnummern 51 bis 65 vor allem für die neuen Flachlandstrecken der WLE auf der Nord- und auf der Sennebahn, aber auch für die mit geringeren Höhendifferenzen auskommende Verlängerung der Stammstrecke von Lippstadt über Beckum und Neubeckum bis nach Münster. Nur Lok 65 »Von Schorlemer-Alst« erhielt aus dieser Serie noch einen Namen zu Ehren jenes Landrates, dem die Verwirklichung der Nordbahn hauptsächlich zu verdanken war. Bis auf die Lokomotiven 55 und 60, am 20. November 1937 und am 23. Februar 1938 an die Firma Erich am Ende verkauft, standen alle Maschinen aus der Berliner Borsig-Schmiede auch noch nach dem Zweiten Weltkrieg bei der WLE

Vor dem Reisezug Nr. 5 absolvierte am 28. Mai 1941 die fabrikneue Dampflok Nr. 35 ihre Probefahrt. Die spitze Rauchkammertür gab der Maschine ein markantes Aussehen. Foto: WLE-Archiv

in Dienst. Sie waren damit die mit Abstand ausdauerndsten Lokomotiven der Landes-Eisenbahn überhaupt und behaupteten sich auch in späteren Jahren neben den ungleich jüngeren Nachfolgerinnen, wie zahlreiche Streckenaufnahmen, aber auch die bekannten Paradebilder, etwa aus den späten 30er-Jahren belegen. Damals nutzte die WLE in Lippstadt noch den ehemaligen Reichsbahn-Lokschuppen südöstlich des Hauptbahnhofs, ehe man komplett in das eigene Bw an der Stirper Straße umzog, wo unmittelbar südlich des Güterbahnhofs und der Staatsbahnstrecke das Terrain bis zum Südertor der Westfälischen Landes-Eisenbahn gehörte. Erst in jüngster Zeit war die WLE bereit, sich von einem Teil ihrer Liegenschaften am Südertor zu trennen, nachdem die Stadt in Zusammenhang mit einer geplanten Straßenunterführung Handlungsbedarf signalisiert hatte.

Mit ihrem charakteristischen Schornstein, dem wuchtigen Dampfdom, den großen Laternen auf der Pufferbohle und den ovalen Führerstandsfenstern bestimmte diese Lokserie über Jahrzehnte das Erscheinungsbild der WLE und war letztlich auch das Paradebeispiel für den »Pengel-Anton«. Die Loks waren bei den Personalen durchaus beliebt ob ihrer Gutmütigkeit, auch wenn sie gelegentlich zum Schleudern und anderen kleinen Eskapaden neigten. Immerhin hatten Meister und Heizer auch bei Rückwärtsfahrt gute Sicht dank des Kohlenbehälters auf dem linken Wasserkasten. Da wußte auch gleich jeder Außenstehende, auf welcher Seite der Heizer seinen Platz hatte.

Bis auf Lok 52, am 1. August 1949 verschrottet, und die Loks 61, 63 und 65, die am 31. Dezember 1949 in den Schrott wanderten, erlebten die übrigen neun Maschinen noch die

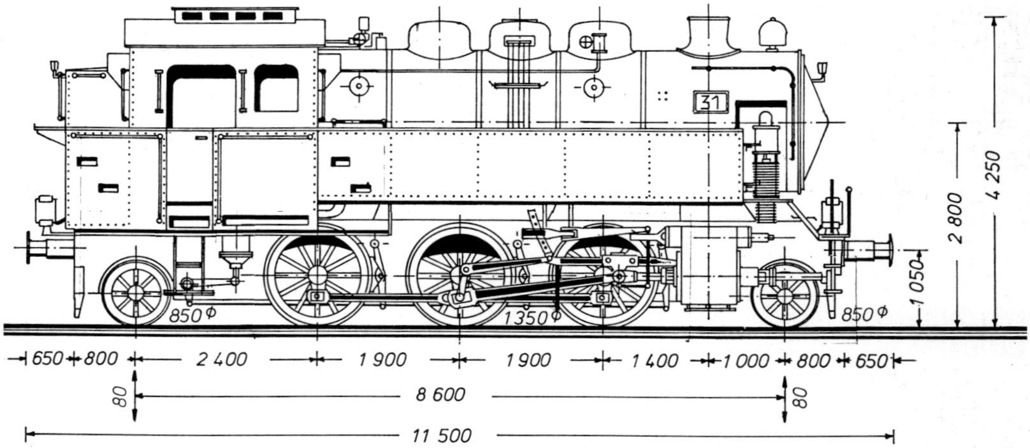

Die Lokomotiven Nr. 31–35. Zeichnung: F. Risse

Umzeichnung ab 1952, bei der der bisherigen Betriebsnummer zwei Nullen vorangestellt wurden. In der zweiten Hälfte der 50er-Jahre erfolgte nach und nach die Ausmusterung mit Endstation Schneidbrenner. Das bevorstehende Ende dampflokbespannter Züge auf der Nordbahn und die Einstellung des Personenverkehrs auf der Sennebahn machte die Maschinen überflüssig. Lok 0062 wurde 1955 verschrottet, die Loks 0054, 0056 und 0057 folgten am 31. Dezember 1956; Lok 0059 ging am 31. Dezember 1957 den Weg alles Alteisens. Am 1. Juli 1959 wurden die letzten vier Maschinen – 0051, 0053, 0058 und 0064 – verschrottet.

Für den schweren Güterzugdienst, vor allem auf der Möhnetalbahn und auf der Relation Warstein–Lippstadt, erwiesen sich die dreifach gekuppelten Tenderloks zunehmend als zu schwach. Oft in Doppeltraktion und mit Nachschub quälten sich die Maschinen mit ihrer Last über den westfälischen Semmering und durch das Möhnetal. Ähnlich wie die K.P.E.V. mit ihren Gebirgsstrecken in Thüringen und Schlesien stand die WLE vor dem Problem, eine leistungsstarke Lokomotive zu beschaffen, die auch auf einer Steigung von 1 : 50 und in Gleisradien bis hinab zu 140 m noch Lasten von mehr als 200 t mit einer akzeptablen Geschwindigkeit bewältigen konnte. Auf der Basis dieser Aufgabenstellung lieferte Hanomag 1905 drei Fünfkuppler mit Zweizylinder-Naßdampftriebwerk. Diese Tenderlokomotiven mit den WLE-Betriebsnummern 101, 102 und 103 waren bei einer Leistung von 900 PS und einer zulässigen Höchstgeschwindigkeit von 50 km/h der wenige Jahre zuvor entwickelten preußischen T 15 überlegen und konnten mit den gerade erst unter Federführung Robert Garbes verwirklichten preußischen T 16 durchaus mithalten. In einer Hinsicht waren die ersten fünffach gekuppelten Loks der WLE mit den drei mittleren fest im Rahmen gelagerten Achsen und den um zehn Millimeter geschwächten Spurkränzen des dritten Radsatzes den neuen Heißdampfern sogar überlegen: Mit dem Antrieb des dritten, statt wie bei den Preußen vierten, Kuppelradsatzes, damit auch einer kürzeren Kolbenstange, sowie geringeren Überhängen vorn und hinten liefen die westfälischen E-Kuppler trotz geringeren Dienstgewichts bedeutend ruhiger. Erst ab 1909 wurden auch die T 16 mit Antrieb des dritten Kuppelradsatzes ausgeführt. Bei den neuen Kraftprotzen

Berühmt wurde die WLE durch ihre drei 1´E1´-Tenderloks von Borsig. Die Fünfkuppler gehörten zu den stärksten deutschen Privatbahn-Maschinen. Mit einem Sonderzug passierte Lok 0122 am 3. September 1966 ein kleines Viadukt bei Elfsen. Foto: Dr. R. Löttgers

griff die WLE nochmals die Tradition der Namensgebung auf. Lok 101 wurde nach dem damaligen Aufsichtsratsvorsitzenden »Kamp« genannt, Lok 103 bekam den Namen »Wanne«. Nur Lok 102 blieb namenlos. 1921 bestellten die Lippstädter nachmals zwei baugleiche Fünfkuppler bei Hanomag, die noch im Inflationsjahr 1922 geliefert wurden. Die 104 und 105 kosteten zusammen 4,253 Millionen Reichsmark, zahlbar freilich in Goldmark: 34.000 je Maschine mußte die WLE an die Hannoveraner berappen – wahrhaft Goldene Zwanzigerjahre. Der Erfolg ihrer 100er-Serie veranlaßte die Direktion, 1927 zwei weitere fünffach gekuppelte Tenderloks, nun allerdings mit Zweizylinder-Heißdampftriebwerk, bei Hanomag in Auftrag zu geben. Die Maschinen, wie die übrigen WLE-Fünfkuppler mit Heusinger-Steuerung ausgerüstet, wurden 1928 geliefert. Sie zeichneten sich gegenüber den Naßdampfern durch höhere Wirtschaftlichkeit und Leistung aus. Beide Loks, als 106 und 107 eingereiht, verbrauchten deutlich weniger Kohle und, bei größeren Vorräten, auch weniger Wasser und leisteten 960 PS. Das veranlaßte die WLE, die 105 bis 10. März 1936 und die 104 bis 8. November 1949 auf Heißdampf umzubauen.

Lok 106 erhielt dem preußischen Staatsminister Wilhelm Hoff, dem späteren stellvertretenden WLE-Aufsichtsratsvorsitzenden zu Ehren den Namen »Hoff«. 1934 komplettierte die WLE den Bestand ihrer E-Kuppler noch um zwei echte T 16, die sie von Erich am Ende be-

Die schweren 1´E1´-Maschinen setzte die WLE auch im Reisezugdienst ein. Die 0123 ging 1968 den Weg des alten Eisens. Foto: WLE-Archiv

triebsfähig erwarb. Lok 108, 1909 bei der Berliner Maschinenbau AG vormals Louis Schwartzkopff gefertigt, war die ehemalige »Breslau 8137«, von der Deutschen Reichsbahn-Gesellschaft (DRG) als 94 263 eingereiht. Lok 109, die ehemalige »Erfurt 8143« übernahm die DRG als 94 423 in ihren Bestand, verkaufte sie 1931 an die Mecklenburgische Friedrich-Wilhelm-Eisenbahn (MFWE), wo sie bis 1934 als Lok 37 im Einsatz blieb. Die robusten Tenderlokomotiven bewährten sich über Jahrzehnte im schweren Güterzugdienst. Ihr Stern begann erst zu sinken, als sich allmählich der Traktionswandel abzeichnete und die ersten starken Dieselloks die Steinzüge übernahmen. Die drei verbliebenen Naßdampfer erwischte es als erste. 1955 wanderten 0101 und 0102 in den Schrott; 0103 folgte am 31. Dezember 1956. 0104 und 0105 wurden 1960 zerlegt. 0108 verkaufte die Landes-Eisenbahn im Juli 1962 zur Verschrottung, 0109 verschrottete sie im Juli 1963 selbst. Die Ausmusterung für 0106 und 0107 kam im Dezember 1963.

Im Personen- und leichten Güterzugdienst setzte WLE-Betriebsdirektor Friedrich Schönfeld viele Jahre auf dreifach gekuppelte Naßdampfer. Als 1908 und 1909 die nächsten fünf Maschinen von Hanomag und Borsig auf die WLE-Gleise rollten, waren eigentlich neu nur das Verbundtriebwerk und die Heusinger-Steuerung. Die drei Hanomag- und die beiden Borsig-Loks unterschieden sich hauptsächlich in den Abmessungen und im Dienstgewicht. Bei-

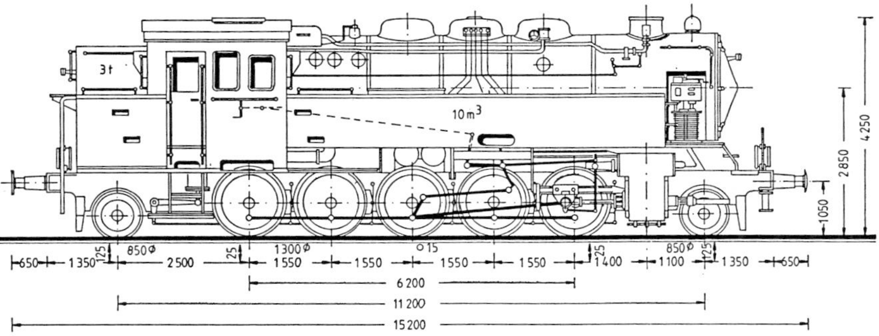

Die Lokomotiven Nr. 121–123. Zeichnung: F. Risse

de Versionen leisteten jeweils rund 400 PS und erreichten maximal 50 km/h. Die verhältnismäßig großen Überhänge sorgten für einen recht unruhigen Lauf, so dass die auch vergleichsweise wartungsintensiven C-Kuppler, als 81, 82 und 83 (Hanomag) sowie als 84 und 85 eingereiht, bei der WLE schon in den 30er-Jahren ihre Einsatzzeit beendeten. Das Quintett wurde 1935, 1936 und 1937 an den Berliner Zwischenhändler Erich am Ende verkauft. Lok 81 gelangte über die Kleinbahn Damme-Schönermark und die Salzwedeler Kleinbahn noch in den Bestand der Deutschen Reichsbahn (DR), die die ehemalige WLE-Maschine 1949 in 89 6403 umzeichnete und sie am 14. Juli 1958 ausmusterte. Die 85 war später mit der Betriebsnummer 21 als Werklok bei der Dortmunder Westfalenhütte im Einsatz. Die 80er-Serie griff die WLE nach dem Zweiten Weltkrieg noch einmal auf, als sie am 19. Oktober 1946 drei Maschinen mit Zweizylinder-Heißdampftriebwerken ankaufte. Die Loks mit der Achsfolge Ch2, allesamt ehemalige Reichsbahn-Maschinen, erhielten die Nummern 86, 87 und 88. Lok 86, 1910 von der Hohenzollern AG gebaut, war die frühere »Buschhoff« der Mecklenburgischen Friedrich-Wilhelm-Eisenbahn mit der Nummer 2, bei der DRG eingereiht als 89 941. Lok 87, 1914 ebenfalls bei Hohenzollern gefertigt, stammte gleichfalls von der MFWE, war dort mit der Betriebsnummer 12 als »Thurow« im Einsatz und wurde von der DRG als 89 942 übernommen. Die 88, eine preußische T 8 der ersten Bauform, wurde 1907 von Linke-Hofmann als »Berlin« für die K.P.E.V. gebaut, stand dann bei der DRG als 89 039 und bei der MFWE als Nummer 3 in Diensten, landete schließlich erneut bei der DRG, die die Tenderlok nun als 89 1003 in ihren Bestand einreihte. Obwohl die drei Heißdampfer vom Leistungsprogramm gut in den WLE-Triebfahrzeugpark paßten, führte ihr Allgemeinzustand nur zu kurzen Gastspielen. Lok 87 wurde 1951 an die Hannoveraner Firma Lehr & Co. verkauft; 86 und 88 erwarb am 29. April 1953 die Hattinger Lokomotivfabrik Karl Reuschling,

Da waren die Vertreterinnen der 90er-Serie von anderem Kaliber. Die 1910 und 1912 von der WLE bei Borsig speziell für den Reisezugverkehr beschafften Tenderloks der Gattung Pt 34.14 leisteten bis weit in die Zeit nach dem Zweiten Weltkrieg treue Dienste. Lediglich Lok 92 mußte wegen Kriegsschäden zum 31. Dezember 1947 ausgemustert werden. Sie diente hernach noch als Ersatzteilspender für ihre ebenfalls mit Verbundtriebwerken ausgerüsteten Schwestern 91 und 93 mit der Achsfolge C1'n2v. Die Loks 94 bis 96 waren dagegen Heißdampfer, Achsfolge C1'h2, die 1926 durch die beiden mit 700 PS noch stärkeren Hanomag-Maschinen Gesellschaft erhielten. Diese beiden Loks mit den Betriebsnummern 97 und 98 galten als die Sensibelchen bei den WLE-Personalen. Mit ihren ungewöhnlich kurzen Treibstangen nahmen es die beiden Diven durchaus übel, wenn der Meister am Regler allzu forsch zu Werke ging. Dampfstöße auf den Zylinder wurden mit Sprüngen der ersten angetriebenen Achse quittiert. Den Unfall der Dampflok 98 in den Vorweihnachtstagen 1942 auf der Möhnetalbahn nahm die WLE-Direktion schließlich zum Anlaß, beide Hanomag-Loks bei Henschel in Kassel umbauen zu lassen. Mit verlängertem Kessel und zusätzlicher vorderer Laufachse änderte sich nicht nur das Fahrverhalten positiv. Die ohne Vorräte um 7,9 t gewichtigeren Maschinen brachten es nun ohne Launen auf 800 PS und eine Spitzengeschwindigkeit von 70 km/h. Der Umbau der 98 erfolgte vom 6. Mai bis zum 5. November 1952, die 97 wurde zwischen dem 25.Oktober 1954 und dem 14. Juni 1955 umgebaut. Die WLE zeichnete die beiden 1'Cl'h2-Loks in 0037 und 0038 um. 0037 wurde im Juli, 0038 im Januar 1962 ausgemustert. Im Juli 1962 wurde auch Lok 96 zur Verschrottung verkauft. Dieses Schicksal teilten die 93, 91 und 95, die 1955, 1956 und 1960 ausgemustert und verschrottet wurden. Als letzte der 90er-Serie wurde die 94 im Oktober 1964 abgestellt, ausgemustert und verschrottet.

Die ersten vierfach gekuppelten Tenderloks verkehrten schon kurz nach Ende des Ersten Weltkriegs auf dem WLE-Streckennetz. Die hauptsächlich zur Verstärkung des Güterzuglokbestands auf der Strecke Warstein–Lippstadt–Beckum 1919 von Borsig gekauften Dh2t-Maschinen, eingereiht als 151 und 152, waren vor allem bei den Heizern wenig beliebt. Sie machten zu wenig Dampf, was im Streckendienst auf der Relation Lippstadt–Warstein regelmäßig dazu führte, dass in Anröchte für die Fahrt über die Haar erst einmal eine Pause eingelegt werden mußte. Beide Maschinen wurden deshalb in erster Linie im Rangierdienst eingesetzt, was ökonomisch wenig sinnvoll erschien. Sie waren übrigens ursprünglich für die Hafenbahn Buenos Aires bestimmt gewesen, wegen des Ersten Weltkriegs aber nicht fristgerecht fertiggestellt und daher auch nicht mehr nach Südamerika ausgeliefert worden. Lok 152 wurde schon 1937 ausgemustert, Lok 151 kauften 1951 die Hüttenwerke Oberhausen. Die dort mit der Betriebsnummer 28 eingesetzte Tenderlok wurde 1962 verschrottet. Im Gegensatz zur 151 und 152 waren die Vierkuppler mit den Betriebsnummern 153 bis 155, 1936 und 1937 von der Reichsbahn gekauft, Naßdampfer. Die ursprünglich bei der Bremer Hafenbahn als 22, 23 und 24 eingesetzten Vierkuppler waren seinerzeit von der DRG als 92 916, 92 917 und 92 918 eingereiht worden. Das Trio erlebte noch die WLE-Umzeichnung. 0155 wurde am 31. Dezember 1957 ausgemustert, 0153 und 0154 wurden am 30. Oktober 1958 zur Verschrottung verkauft. Eine oldenburgische T 13, WLE-Betriebsnummer 158, und zwei preußische T 13.1, Betriebsnummern 156 und 157, ergänzten 1947 und 1949 die 150er-Serie. Die 1921 und 1923 von Hanomag beziehungsweise Krauss gebauten Dh2-Tenderloks, stammten aus Reichsbahnbeständen. Die von Hanomag noch an die preußische Gruppenverwaltung ausgelieferten Maschinen mit Lentz-Ventilsteuerung, die »Königsberg« (156) und die »Oldenburg« (158), waren bei der Reichsbahn als 92 409 und 92 403 geführt worden. Die 157 mit Heusinger-Steuerung, die ehemalige »Saar 7936«, hatte die Reichsbahn als 92 415 eingereiht. 156 und 158 wanderten 1958 in den Schrott; 157 wurde 1960 zum Verschrotten verkauft.

Mehr und mehr hatte sich die Westfälische Landes-Eisenbahn in den 30er-Jahren auf den Erwerb preisgünstiger gebrauchter Dampflokomotiven zur Ergänzung und zwecks Ersatzes schadhaft gewordener eigener Maschinen der Länderbahnzeit konzentriert. Dabei setzte man zunächst konsequent auf Lokomotiven, die wie auch die meisten WLE-Neukäufe vor dem Ersten Weltkrieg gebaut worden waren. So be-

Insgesamt vier ehemalige preußische G 9 kaufte die WLE 1948/1949. Zum Schutz des Personals bei den vielen Rückwärtsfahrten erhielten die Tender eine Schutzwand. Nach der Indienststellung leistungsfähiger Dieselloks wurden die Maschinen zwischen 1960 und 1963 verschrottet. Foto: WLE-Archiv

stand die 70er-Serie ausschließlich aus preußischen T 9.3, die 1935 allesamt betriebsfähig über Erich am Ende angekauft wurden. Die sieben 1´C-Kuppler stammten aus den Lokschmieden von Orenstein & Koppel (WLE-Betriebsnummern 71, 75), Jung (74, 76, 77), Schichau (72) und Hanomag (73). Die 71, 72 und 76 waren Naßdampfer mit 600 PS Leistung; die übrigen vier Loks mit Heißdampftriebwerk brachten es auf 700 PS. Bei den Personalen waren diese ehemaligen Reichsbahn-Maschinen trotz ihres altertümlichen Aussehens sehr beliebt, zeichneten sie sich doch durch gute Laufeigenschaften und sparsamen Verbrauch aus. Die sieben Maschinen wurden vor allem auf der Möhnetalbahn im Personenzugdienst eingesetzt. Mit dessen Einstellung ging auch die Ausmusterungswelle einher. Lok 0071, 1904 gebaut, ex K.P.E.V. 7372, ex DRG 91 714, wurde als erste am 31. Dezember 1957 ausgemustert. Lok 0076, 1903 gebaut, ex K.P.E.V. 7268, ex MFWE 30, ex DRG 91 1803 endete am 1. Juli 1959 im Schrott. Lok 0072, gebaut 1905, ex K.P.E.V. 7318, ex DRG 91 712, und Lok 0077, gebaut 1903, ex K.P.E.V. 7257, ex DRG 91 599, wurden 1960 ausgemustert, ebenso Lok 0073, gebaut 1910, ex K.P.E.V. 7268, ex DRG 91 1309, die im selben Jahr als Schrott verkauft wurde. Im Juli 1962 erfolgte schließlich die Ausmusterung der 0074, 1909 gebaut, ex K.P.E.V. 7323, ex DRG 91 1275, und der 0075, gebaut 1905, ex K.P.E.V. 7367, ex MFWE 29, ex DRG 91726.

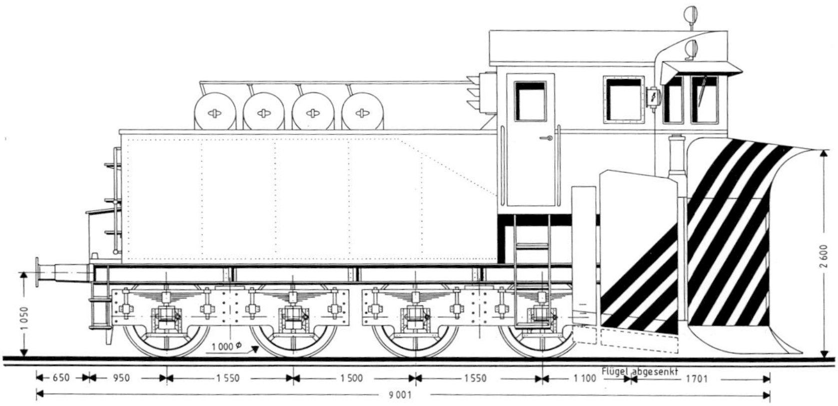

Der Schneepflug Nr. 7051.
Zeichnung: F. Risse

Auf der Suche nach Schnäppchen dieser Art wurde die WLE-Beschaffungsabteilung 1938 einmal mehr bei Erich am Ende in Berlin fündig: Die für westfälische Verhältnisse durchaus exotischen beiden badischen Ig, 1'B-Kuppler, bewährten sich auch im leichten Personenzugdienst auf den WLE-Strecken. Diese zwei Länderbahnloks, 1896 und 1897 von der Karlsruher Maschinenbau AG an die Badische Staatsbahn geliefert, von der DRG als 70 104 und 70 105 übernommen, zeichneten sich ebenfalls durch sparsamen Verbrauch und Laufruhe aus. Die von der WLE als 21 und 22 eingereihten, 1952 in 0021 und 0022 umbezeicneten beiden Lokomotiven mit außenliegender Heusinger-Steuerung mit Hängeeisen waren maximal 65 km/h schnell und wurden erst 1960 ausgemustert und zur Verschrottung verkauft.

Es war ein finanzieller Kraftakt, als sich die WLE Mitte der 30er-Jahre dazu durchrang, noch einmal in größerem Stil speziell auf ihre Wünsche zugeschnittene Dampfloks in Auftrag zu geben. Gestiegene Ansprüche an Reisekomfort und Fahrtdauer, wachsende Lasten auch im Personenzugdienst geboten Handlungsbedarf. Bei Borsig in Berlin ließen die Lippstädter deshalb fünf, bis auf geringe Unterschiede baugleiche 1'Cl'h2-Maschinen fertigen, konzipiert nach den WLE-Vorgaben speziell für den Einsatz vor Personenzügen auf Bergstrecken mit engen Gleisradien. Die 1.100 PSi starken und 75 km/h schnellen Tenderloks wurden 1936, 1938 und 1941 geliefert und als 31 bis 35 in den Bestand eingereiht. Die Last- und Probefahrten, zuletzt mit Lok 35 im Mai 1941, verliefen äußerst vielversprechend, so dass die WLE ursprünglich sogar vorhatte, weitere Maschinen der Gattung Pt 35.16 bauen zu lassen. Die Zäsur des Zweiten Weltkriegs und die wirtschaftlich schwierige Phase des Wiederaufbaus sowie zurückgehende Zahlen bei der Personenbeförderung machten derartige Pläne zunichte. Gleichwohl gelten die Loks dieser 30er-Serie, zu denen sich dann auch noch die beiden Umbauten ex 97 und ex 98 gesellten, noch heute als überzeugendes Beispiel für innovative Privatbahn-Lokentwicklungen. Mit ihrem kompakten Äußeren, den drei Domen und der spitzen Rauchkammertür lockten sie auch nach dem letzten Krieg manchen Fotografen an den Westfälischen Semmering und ins Möhnetal. Wenig mehr als einzelne Lokschilder blieben von diesen leistungsstarken Dreikupplern übrig, die erst die Fristabläufe stoppten. Lok 0034 und 0035 wurden 1965, Lok 0032 und 0031, 1969 bzw. 1970 verschrottet. Als zweitletzte WLE-Dampflok überhaupt ging 0033 erst 1971 den Weg in den Hochofen.

Was die 30er-Serie für den Reisezugverkehr, das waren die Tenderlokomotiven 121, 122 und 123 für den Güterzugdienst. Die ebenfalls nach WLE-Vorgaben bei Borsig gebauten schweren Güterzuglokomotiven ähnelten nicht von ungefähr den leichteren Personenzugmaschinen der 30er-Serie. Der Zwang zu sparsamem Wirtschaften führte zu Resultaten wie bei den EinheitsLokbaureihen der Deutschen Reichsbahn. Lok 121 und 122 wurden 1937 in Dienst gestellt, Lok 123 kam als Nachzügler erst 1943 von der Spree an die Lippe. Die 1´E1´h2-Maschinen hatten ein Dienstgewicht von 104,1 bzw. Nr. 123 von 103,6 t, leisteten 1.500 PS und kamen auf eine zulässige Höchstgeschwindigkeit von 65 km/h. Die drei 15,2 m langen Kraftpakete mit Heusinger-Steuerung und Antrieb auf dem dritten Kuppelradsatz schleppten bis zu ihrer Ausmusterung – das letzte Jahrzehnt in Konkurrenz zu den Dieselloks – die schweren Steinzüge von Warstein über die Haar. Die WLE setzte sie aber auch vor Personenzügen ein. 0121 wurde 1965, 0123 1968 verschrottet. Die letzte Fahrt einer WLE-Dampflok blieb 0122 vorbehalten. Als sie im Juli 1971 ihre letzte Reise in den Schrott antrat, war bei der Westfälischen Landes-Eisenbahn das Dampfzeitalter beendet. Seither sind es Sonderfahrten mit Fremdloks, die auf dem verbliebenen Streckennetz an Wochenenden die Dampflokära heraufbeschwören.

Restlos verschwunden aus dem WLE-Fahrzeugpark sind die Dampfloks im übrigen nicht. Da gab es schließlich ja noch die vier preußischen G 9, die einzigen WLE-Schlepptenderloks überhaupt, angekauft 1948 und 1949 aus Reichsbahnbeständen. Den vier Maschinen der Baureihe 55 mit der Achsfolge Dh2 und dem Tender 2´2´T21,5 fiel ebenfalls die Aufgabe zu, mit den schweren Steinzügen am Haken die Haarhöhe zu erklimmen. Lok 201, ex K.P.E.V. »Cöln 5012«, ex DRG 552375, wurde 1910 bei Hanomag gebaut, ebenso Lok 202, ex K.P.E.V. »Breslau 5112«, ex DRG 55 2343. Lok 203, ex K.P.E.V. »Essen 5103«, ex DRG 55 2426, rollte 1911 bei Schichau aus den Werkshallen. Gleichfalls Schichau fertigte 1909 Lok 204, ex K.P.E.V. »Breslau 5105«, ex DRG 55 2331. 0204 wurde 1960, 0203 1962 zum Schrottwert verkauft. 0202 verschrottete die WLE im Juli 1962 selbst, ebenso Lok 0201 im November 1963. Der Tender der 0204 allerdings fand Verwendung für den Aufbau des Henschel-Klima-Schneepflugs 7051, 1988 in 99 umgezeichnet. Dieser Schneepflug der Bauart Linz wartet derzeit in der Hauptwerkstatt Lippstadt auf wieder schneereichere Winter.

79 Bericht des Regierungs-Baumeisters Wulff (siehe Anm. 11): »An Betriebs-Materialien sind bis jetzt geliefert: 1 Tender-Lokomotive zum Rangieren, bezeichnet »Möhne«, 1 Post- und Packetwagen, 2 Personenwagen II. Klasse, 2 Personenwagen II. Klasse, 6 bedeckte Güterwagen, 2 Langholzwagen, 1 Bahnmeisterwagen, 1 Draisine.«

80 Hohenzollern-Musterblatt im WLE-Archiv

8

Dieselelektrische Versuchsloks

In den 70er-Jahren konnte man sie täglich auf WLE-Gleisen beobachten: Anfangs ein ungewohnter Anblick, gehörten die beiden dieselelektrischen Versuchslokomtiven DE 1500 und DE 2000, von der WLE als DE 0901 und DE 0902 eingereiht, bald zum festen Einsatzbestand. Was heute der Blue Tiger oder die Class 66, waren damals diese beiden Prototypen. Vor allem 0902 fiel ob ihres ungewöhnlichen Aussehens selbst im an ungewohnten Bauarten und Gattungen im Verlaufe der Geschichte reichen Triebfahrzeugpark der Landes-Eisenbahn noch aus dem Rahmen. Mit den beiden Prototypen wollte schon damals die deutsche Bahnindustrie, die über viele Jahre auf dieselhydraulische Maschinen gesetzt hatte, Erfahrungen sammeln. Das kam der notgedrungen sparsam wirtschaftenden westfälischen Privatbahn zupass: Sie erwarb die zuvor schon bei der Bundesbahn erprobten Loks auf Mietkaufbasis.

Ab September 1969 setzte die WLE den von Krupp und AEG gefertigten Prototypen DE 0901 ein. Die Lok bewährte sich bestens im schweren Güterzugdienst. Erst 1983 wurde die dieselelektrische Maschine verkauft.
Foto: WLE-Archiv

Auch im Reisezugdienst kam die DE 0901, alias 201 001-5, zum Einsatz. Die Zugschlusslaternen lagerten die Eisenbahner einfach vor dem Führerhaus auf dem Umlauf. Foto: WLE-Archiv

Die DE 0901, bei der DB zuvor als 201 001-5 im Einsatz, war eine Gemeinschaftsproduktion von Krupp und AEG, 1964 gebaut. Zunächst nicht für den Verkauf bestimmt, sollten mit dem dieselelektrischen Tatzlagerantrieb dieses Prototypen Alltagbetriebserfahrungen ausgewertet werden. Nach Abschluß umfangreicher Meß- und Erprobungsfahrten setzte die Bundesbahn die Lok im Plandienst ein. Sie war unter anderem im Bw Hagen-Eckesey beheimatet. Die WLE mietete die Diesellok zunächst im September 1969 vom Herstellerkonsortium an und erwarb sie Anfang 1973. Nach WLE-Vorgaben baute die Westfälische Lokomotivfabrik Karl Reuschling in Hattingen das Führerhaus auf Einmannbedienung um.

Mit ihrem Maybach-Dieselmotor MD 655 als Hauptgenerator und vier Fahrmotoren kam 0901, Achsfolge Bo'Bo', Länge über Puffer 14.390 mm, auf eine Nennleistung von 1.500 PS bei 1.500 U/min und auf eine Höchstgeschwindigkeit von 100 km/h. Mit vollen Vorräten und eingebautem Dampferzeuger für die Zugheizung hatte die vierachsige Drehgestellokomotive ein Gesamtgewicht von 62 t. Nach der Einstellung des Reisezugverkehrs baute die WLE-Hauptwerkstatt die Heizung aus. Bei täglichen Laufleistungen bis zu 400 km erwies sich die Maschine als robust und wenig störanfällig. Auch der dieselelektrische Antrieb bewährte sich. Bis 1981 versah die Maschine ihren Dienst vor den schweren Steinzügen aus Warstein. Wegen der kostenintensiven Ersatz-

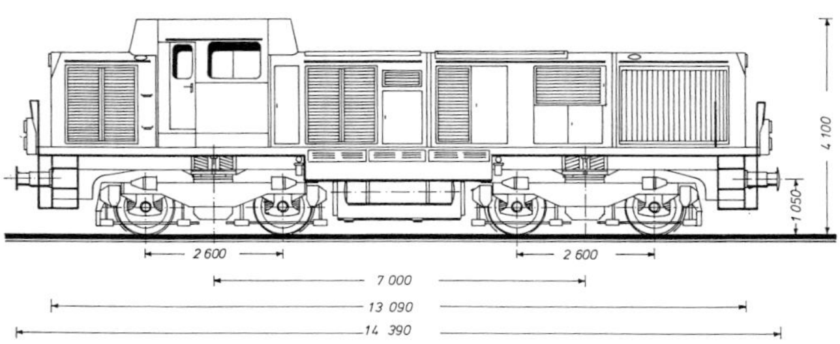

Die Lokomotive DE 0901. Zeichnung: F. Risse

teilbeschaffung verkaufte die WLE den Einzelgänger am 5. August 1981 an die Deutsche Eisenbahn-Gesellschaft (DEG) in Frankfurt (Main). Die Teutoburger Wald-Eisenbahn (TWE) mietete die Maschine von der DEG. Über die Zwischenstation Farge-Vegesacker Eisenbahn, wo die Lok ab 1983 als VE 151 im Einsatz stand, kam sie 1990 zur Schweizer Südostbahn (SOB). Dort tut sie nach Reparatur und Umbau seit 1993 als Bauzuglok Am 846461 Dienst.

Die DE 0902, bei der DB als 202 001-4 eingereiht, war eine Henschellok mit elektrischer Ausrüstung der Siemens-Schuckert-Werke (SSW). Im Gegensatz zur elektrischen Fahrstufensteuerung der 0901 verfügte die mit einem Maybach-Dieselmotor MD 870 AL und vier Fahrmotoren ausgerüstete 0902 über eine

Mit zwei Personenwagen im Schlepp war die DE 0902, die die WLE 1972 gekauft hatte, wahrlich unterfordert. Foto: W. Hartwig

Eine ungewöhnliche Aufgabe hatte die DE 0902 am 12. Mai 1973: Sie bespannte einen Sonderzug für Eisenbahnfreunde auf der WLE und hält hier am WLE-Bahnsteig im Lippstädter Hauptbahnhof. Foto: Dr. R. Löttgers

Die Lokomotive DE 0902. Zeichnung: F. Risse

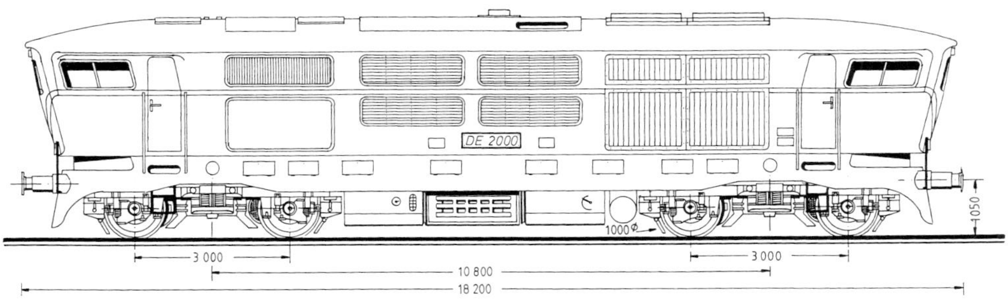

simultane Füllungssteuerung und eine Drehzahlregelung am Hauptgenerator. Die 1962 gebaute Drehgestellok war ebenfalls mehre Jahre bei der Bundesbahn im Erprobungseinsatz, unter anderem stationiert im Bw Hamm P.

Ab 21 Mai 1970 mietete die WLE die Maschine an, kaufte sie exakt zwei Jahre später. Bis zu ihrer Umlackierung bei der WLE war die Lok nur mit ihrem Typenschild DE 2000 bei der Landes-Eisenbahn eingesetzt.

Der Henschel-Prototyp, Achsfolge Bo'Bo', Länge über Puffer 18.200 mm, erreichte eine Nennleistung von 2.000 PS bei 1500 U/min und blieb damit bis zum 1997 erfolgten Einbau von Caterpillar-Motoren in die WLE-Loks 37 und 38 mit Abstand die leistungsstärkste Maschine, die je bei der WLE im Einsatz stand. Mit zugelassenen 120 km/h bei einem Dienstgewicht von 84 t war sie auch die schnellste WLE-Maschine. Bis zum Ende des Personenverkehrs wurde 0902 auch deshalb hauptsächlich vor Personenzügen zwischen Warstein, Lippstadt und Beckum eingesetzt, versah aber ebenso klaglos ihren Dienst vor den schweren Steinzügen, die sie ohne Nachschub über den Westfälischen Semmering ziehen konnte.

Das Einsatzende der bis dahin störungsfrei laufenden Maschine kam abrupt: Nach einem Generatorbrand bei der Einfahrt in den Bahnhof Beckum wurde die Lok am 26. Oktober 1977 sofort abgestellt und am 14. Februar 1978 ausgemustert. Am 26. September desselben Jahres verkaufte die WLE die Lokomotive zur Verschrottung nach Dortmund.

9

Der sogenannte WLE-Stil

Ein Hauch Neoromanik, eine Prise Historismus englischer Prägung, eine Portion traditioneller westfälischer Baukunst und ein Standardisierungsprogramm in bester preußischer Tugend sind die Zutaten, die die Hochbauten der Westfälischen Landes-Eisenbahn unverwechselbar machen und zu dem prägenden, aber architekturgeschichtlich mißverständlichen Begriff des WLE-Stils geführt haben.

Ähnlich wie bei preußischen Nutzbauten entwickelten die Landes-Eisenbahner unter ihrem Betriebsdirektor Friedrich Samuel Schönfeld einen Bautypenkatalog, der wie ein Baukastensystem funktionierte. Die von der eigenen technischen Abteilung ausgearbeiteten Entwürfe waren zwar beim Berliner Ministerium für öffentliche Arbeiten einzureichen, wurden aber im Gegensatz zu früheren Zeiten, als der klassizistische Architekt Karl-Friedrich Schinkel der preußischen Oberbaudirektion vorstand, in aller Regel nur auf technische und statische Korrektheit überprüft und nicht stilistisch überarbeitet. So kamen die WLE-Bauten ungefiltert zur Ausführung.

Welche wichtige Rolle Betriebsdirektor Schönfeld auch bei der architektonischen Ge-

Das Empfangsgebäude des Bahnhofs Lippstadt Nord entsprach dem typischen WLE-Stil.
Foto: WLE-Archiv

staltung zukam, wird nicht nur dadurch deutlich, dass er sich jeden Plan vorlegen ließ und ihn auch persönlich mit seiner Unterschrift abzeichnete, sondern vielmehr anhand des alten Warsteiner Bahnhofs ersichtlich. Dieses Empfangsgebäude entstand noch in der Vor-Schönfeld-Ära und unterscheidet sich nicht von ungefähr gerade stilistisch von allen anderen Stationsgebäuden, die die WLE nach 1883 bis ins erste Jahrzehnt des 20. Jahrhunderts baute oder bauen ließ.

Ob Erwitte oder Lippstadt-Nord, Diestedde oder Borken, Soest Thomätor oder Stadtlohn, Delbrück oder Nienborg-Heek, ob Niederbergheim oder Sendenhorst – all diese Bahnhofsgebäude können ihre enge Verwandtschaft nicht leugnen. Je nach Bedeutung der Stationen bestand das Empfangsgebäude aus einem zweigeschoßigen Mittelbau und einstöckigen seitlichen Anbauten, Mittelbau mit nur einem Anbau oder nur solitärem Gebäude, gelegentlich auch nur eingeschoßig. Damit folgten die WLE-Bahnhöfe dem alten französischen Gliederungsprinzip herrschaftlicher Herrensitze, das in Westfalen seit dem frühen 17. Jahrhundert von prägender Bedeutung war. Dem mittleren Corps-de-Logis, im Barock das sogenannte Zentrum der Schöpfung, entsprachen die eigentlichen Empfangsgebäude, die schon im Namen das alte Prinzip barocker Feudal-Architektur aufgreifen. Bei Stationsgebäuden wie Lippstadt-Nord, Liesborn oder Wadersloh tritt noch ein weiteres traditionelles Gestaltungsprinzip traufenständiger Herrenhäuser hinzu: Die Hervorhebung eines die Fassade vertikal gliedernden mittleren Bauteils, eines sogenannten Mittelrisalits, dessen Dreieckgiebel ein eigenes, quer zur Hauptfirstlinie angeordnetes Dach beansprucht.

Bevorzugter Baustoff war bei den WLE-Bauten der Ziegel, ein in der traditionellen westfälischen Baukunst trotz heimischen Sandsteins und anderer Haussteine häufig verwandtes Baumaterial. Unterschiedlich gebrannte Ziegel dienten häufig der Dekoration der Gebäude. Nicht anders bei der WLE: Rote Ziegel wurden für das aufgehende Mauerwerk vermauert, während die gelben die Wandvorlagen hervorhoben; der 1986 abgerissene Lippstädter Nordbahnhof war dafür ein schönes, aber längst nicht das einzige Beispiel.

Die Gliederung des Baukörpers durch Wandvorlagen, sogenannte Lisenen, spielte schon in der römischen Klassik eine bedeutende Rolle und fand in der Antiken-Rezeption auch auf deutschem Boden ihren Widerhall. In Westfalen ist die damit unmittelbar einhergehende Wandschichtung direkt mit dem bedeutendsten heimischen Barock-Baumeister, Johann Conrad Schlaun, verbunden. In seiner Nachfolge wurde anders als andernorts eine zurückhaltende Aufteilung der Wandflächen in unterschiedliche Schichten zu einer westfälischen Eigenart. Dieser bedienten sich die heimischen Architekten nicht nur des Barocks und des Klassizismus, sondern auch spätere Baumeister bis ins ausgehende 19. Jahrhundert. Insofern bewegen sich die WLE-Baupläne auf bekanntem Terrain. Ungewöhnlich ist freilich diese Art des Bauens noch im 20. Jahrhundert, zu einer Zeit, als entweder wilhelminisch-pathetische Bauten entstanden, oder aber der Jugendstil die Formensprache selbst bei Bürgerhäusern beeinflußte.

Den typischen WLE-Bauten entsprechende Architektur findet sich in Westfalen dagegen zuhauf im 19. Jahrhundert, insbesondere in der sogenannten Gründerzeit, als Fabriken, Zechen, aber auch Schulen und andere Profanbauten unter dem nachhaltigen Einfluß englischer Baukunst in eben jenem Stil, mal historistisch, mal eklektizistisch verschiedene Baustile der deutschen, aber eben auch der britischen

Entwurf für einen neuen eingleisigen Warsteiner Lokschuppen, der an beiden Giebeln eine Einfahrt besaß. Zeichnung: WLE-Archiv

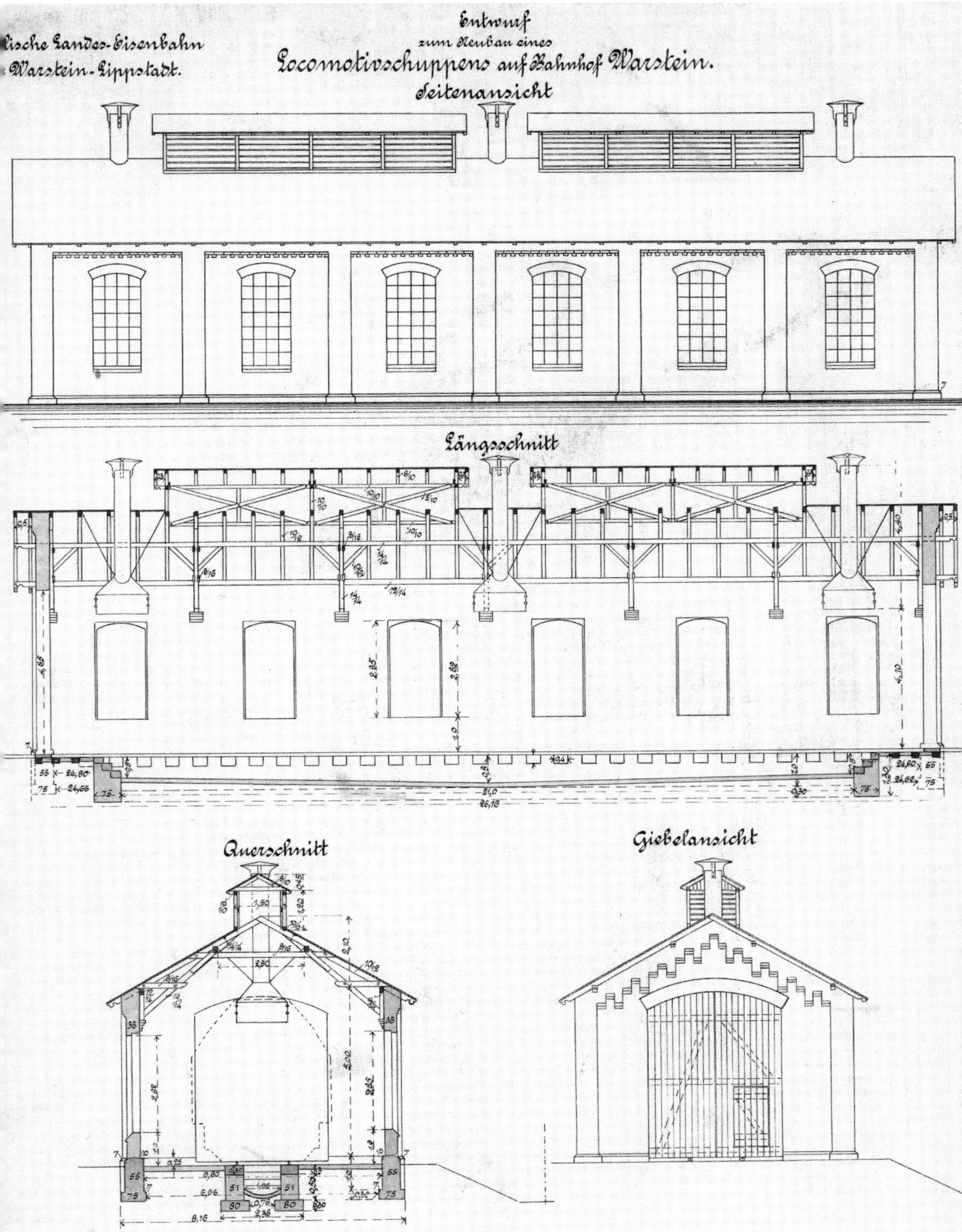
Entwurf
zum Neubau eines
Locomotivschuppens auf Bahnhof Warstein.
lische Landes-Eisenbahn
Warstein-Lippstadt.
Seitenansicht
Längsschnitt
Querschnitt
Giebelansicht

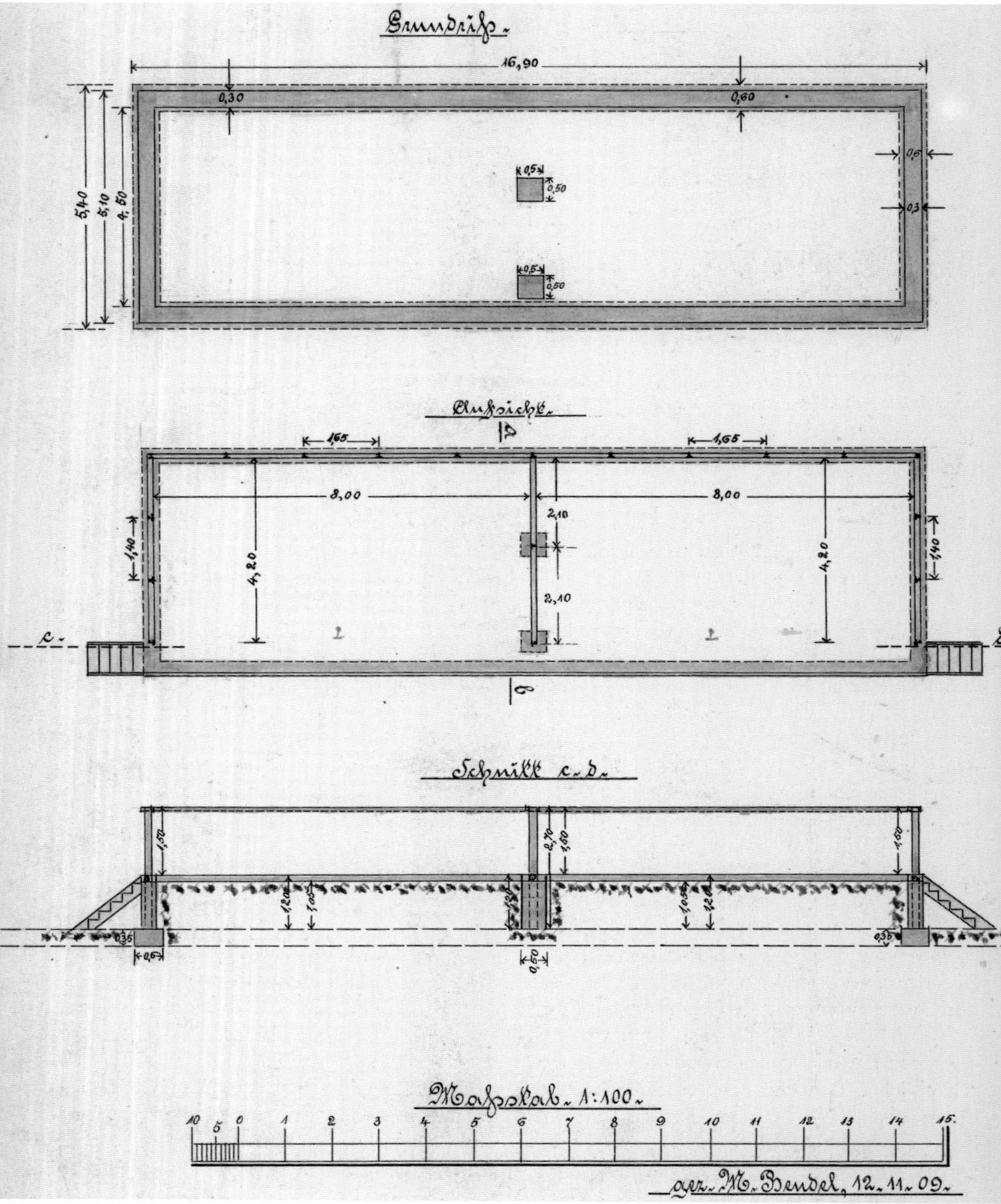
Grundriß.
16,90
0,30
0,60
5,40
5,10
4,50
Ansicht.
1,65
8,00
4,20
2,10
1,40
Schnitt c-d.
Maßstab 1:100.
gez. M. Bendel, 12.11.09.

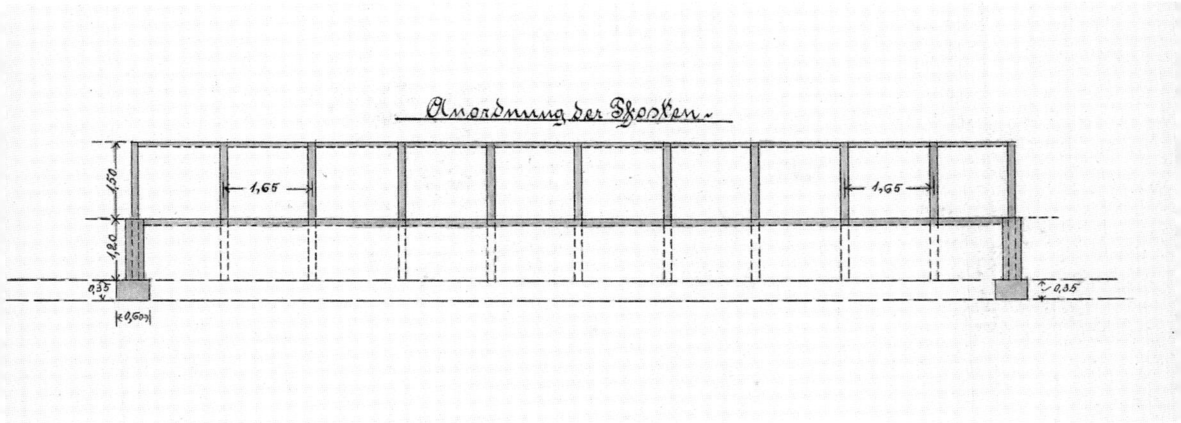

Kohlenbühne im Bahnhof Anröchte. Zeichnung: WLE-Archiv

Vergangenheit zitierten. Das führt zurück zu WLE-Betriebsdirektor Schönfeld, der nicht nur als Ingenieur auch eine architektonische Ausbildung genossen hatte, sondern, was in diesem Zusammenhang aufschlußreich ist, in England geboren wurde und dort auch aufgewachsen war. Gerade die stilisierten, aus der Romanik entlehnten Friese unter den Dachansätzen der WLE-Gebäude gehörten zur typischen Formensprache der englischen Baukunst des 19. Jahrhunderts. Kein Wunder, daß diese Elemente auch in der Eisenbahnarchitektur auf der Insel eine Rolle spielten und den gebürtigen Engländer Schönfeld auf den Geschmack brachten.

Diese typischen Gestaltungselemente finden sich mit weitgehender Ausnahme der Wassertürme und der Stellwerke an allen WLE-Bauten, ob Bahnhofsgebäude, Güterschuppen oder Abort. Während die Stellwerke des Typs Lippstadt-Nord, Ziegelbauten mit Fachwerkobergeschoß und Ziegelgefachen, fast ausschließlich funktionalen Charakter hatten und diesen allenfalls mit der heimischen Tradition des Fachwerkbaus dekorativ verbanden, zeigten die Wassertürme ein Eigenleben, das zwar standardisiert, in Einzelfällen aber durchaus an örtliche Verhältnisse angeglichen wurde und somit ähnlich den Empfangsgebäuden durchaus repräsentativen Charakters war. Bestes Beispiel für diese Bewertung seitens der WLE-Direktion war der Wasserspeicher auf Soest Thomätor, der hinsichtlich der Normal-Wasserstationspläne der Landes-Eisenbahn durchaus aus dem Rahmen fällt. Mit erstaunlichem Fingerspitzengefühl wurde hier der gelungene Versuch unternommen, das Bauwerk an die von Türmen bestimmte Silhouette der Ehrenreichen, wie die alte Hansestadt Soest noch immer genannt wird, anzupassen.

Stellt der sogenannte WLE-Stil auch letztlich nichts anderes dar als ein letztes Aufgreifen verschiedener Elemente der Baukunst des 19. Jahrhunderts, so muß doch konstatiert werden, daß die Verbindung englischer wie westfälischer Traditionen von durchaus überzeugender Qualität und zu einem Teil auch von origineller, sich vom üblichen Einerlei abhebender Aussagekraft war. Mit jedem Gebäudeabriß ging hier in den letzten Jahrzehnten ein Stück landeseisenbahnerische Individualität verloren. Es wäre an der Zeit, einige der typischen Bauten zumindest für die Modellbahn zu erhalten.

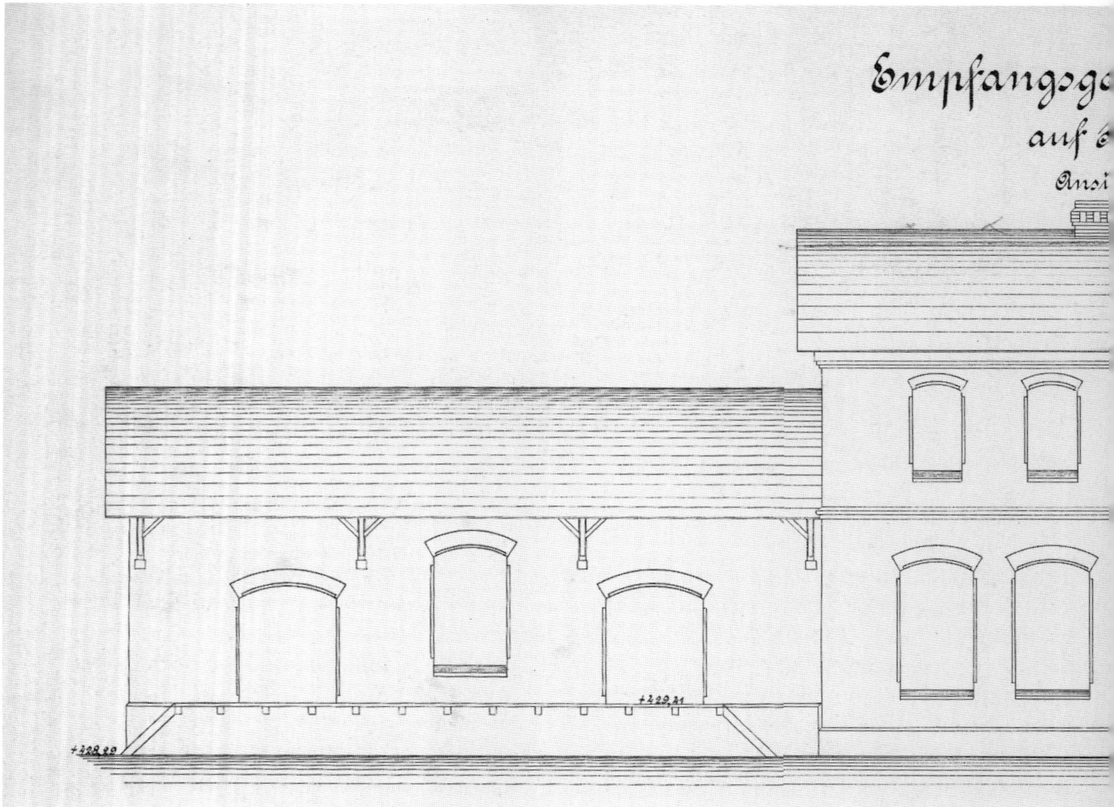

Empfangsgebäude und Güterschuppen des Bahnhofs Brilon der WLE. Zeichnung: WLE-Archiv

Wandschichtung und Backsteinzier: Trotz einfacher Gestaltungsmittel wirkte die Fassade des Bf Erwitte dekorativ. Foto: WLE-Archiv

Einfacher, aber nach demselben Gliederungsprinzip: Auch auf kleineren Stationen, wie hier in Weseke, errichtete die WLE repräsentative Empfangsgebäude. Foto: WLE-Archiv

Anbau an das Telegraphenbüro im Bahnhof Lippstadt. Zeichnung: WLE-Archiv

Entwurf zu Erweiterung des Güterschuppens im Bahnhof Wadersloh. Zeichnung: WLE-Archiv

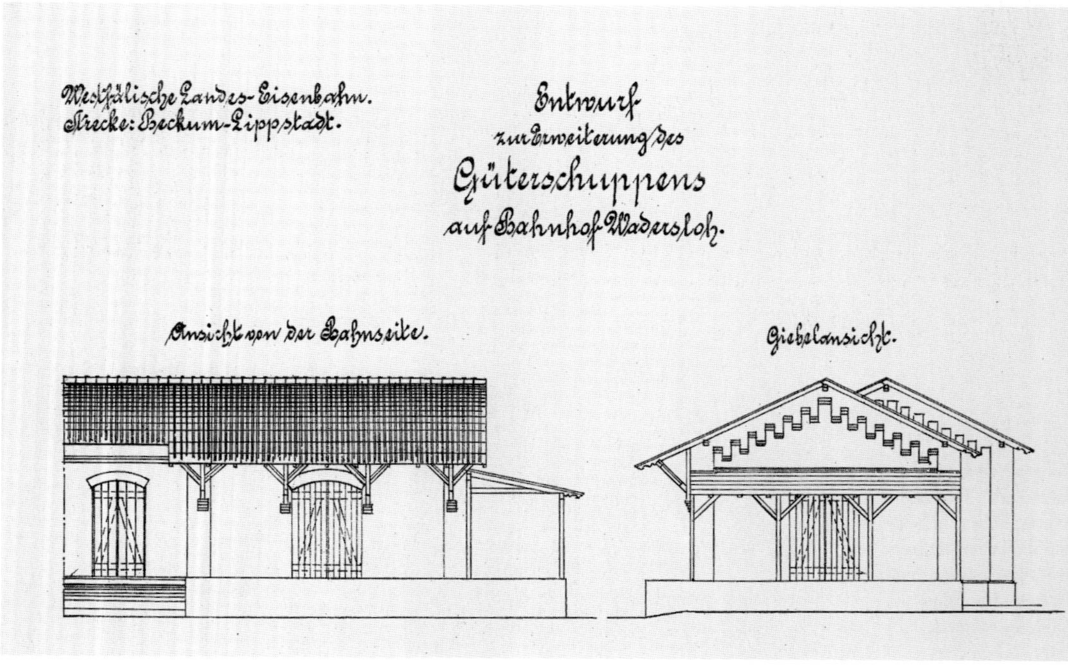

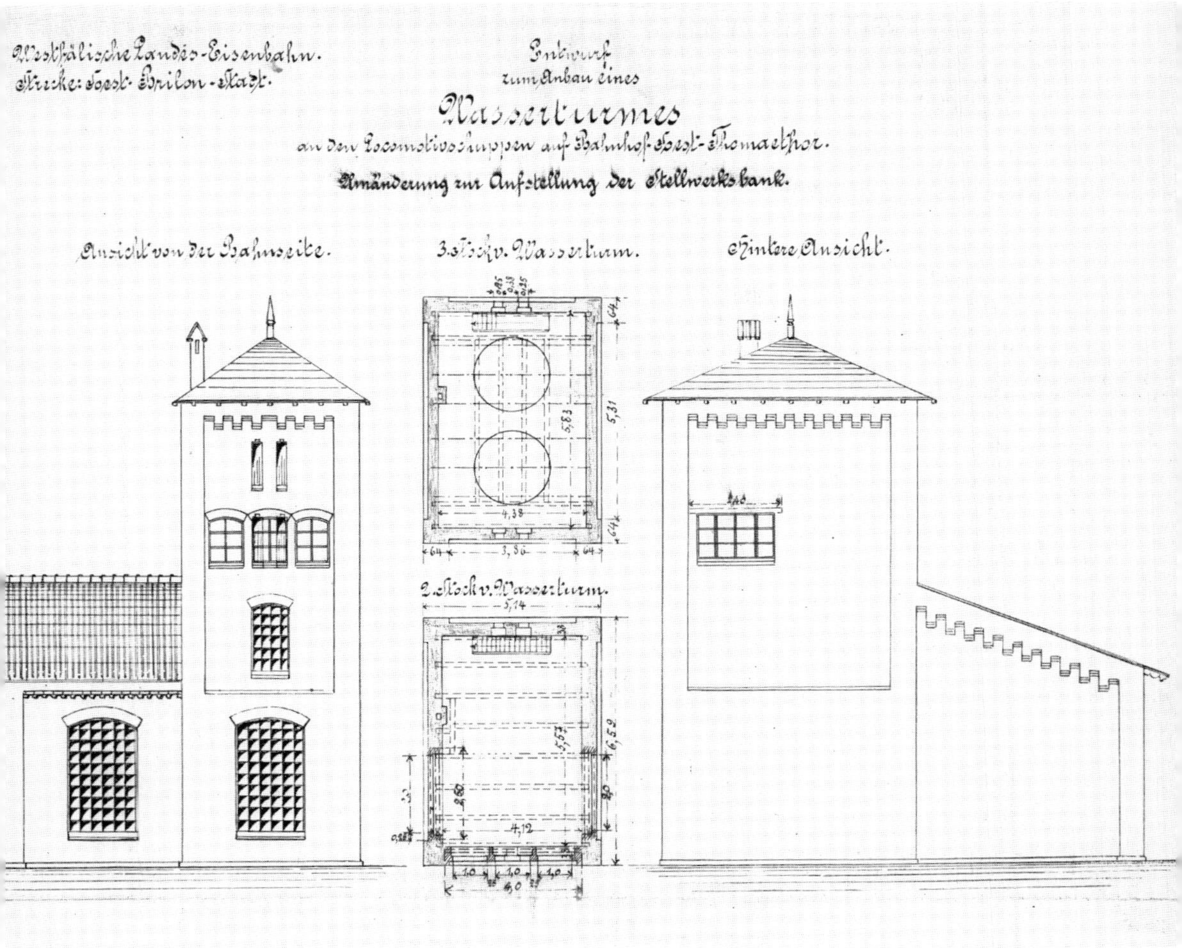

Ungewöhnlich aber zweckdienlich: Entwurf von 1909 zum Anbau eines Wasserturms an den Lokschuppen im Bf Soest Thomätor mit Einrichtung eines Stellwerksraums im dritten Stock (nicht ausgeführt). Zeichnung: WLE-Archiv

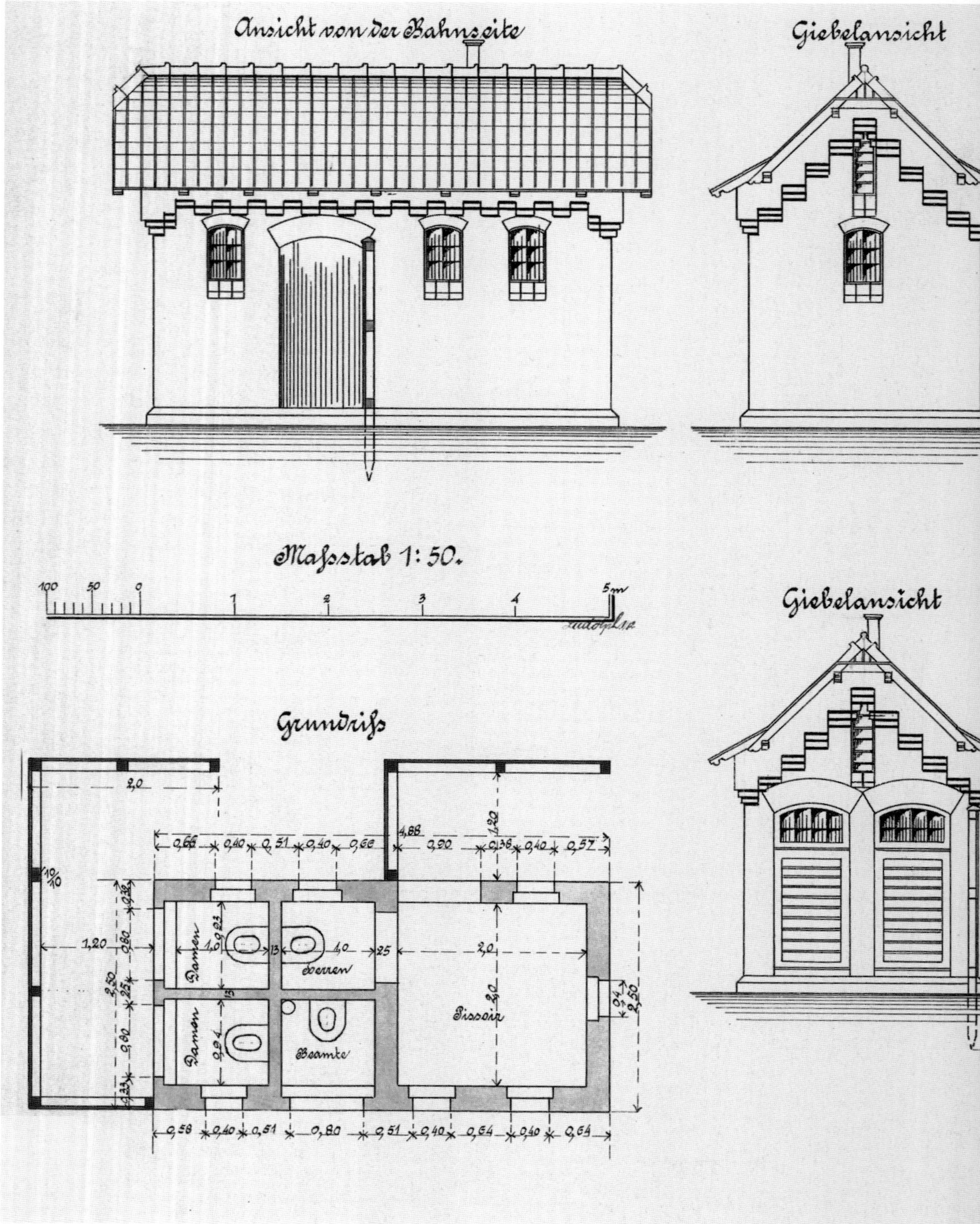
Ansicht von der Bahnseite
Giebelansicht
Maßstab 1:50.
Giebelansicht
Grundriß
Damen
Herren
Damen
Beamte
Pissoir

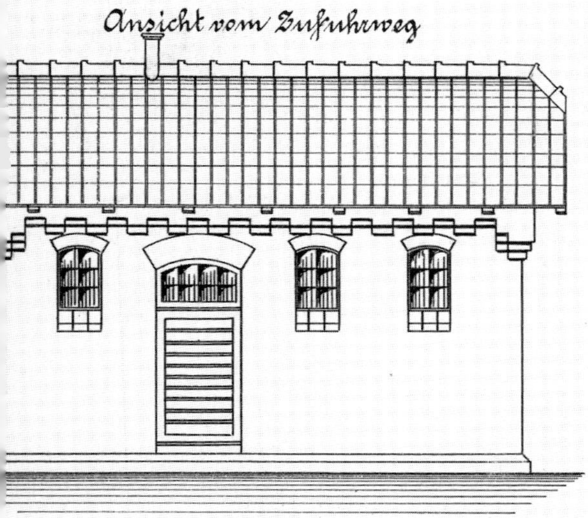

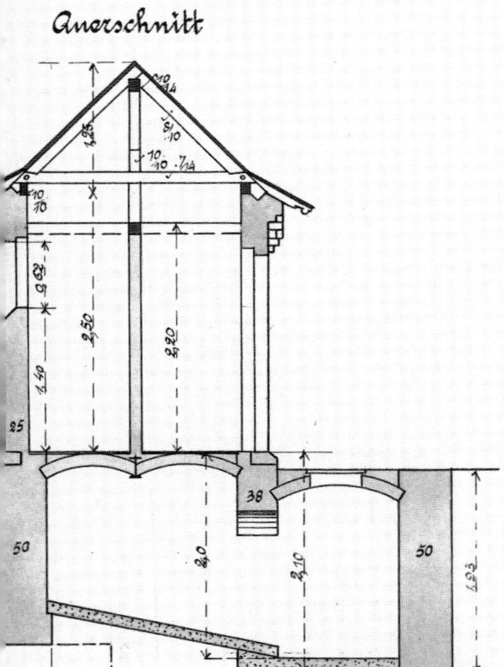

Zweckbestimmt und dennoch von architektonischem Reiz: Abortgebäude des Bahnhofs Erwitte. Zeichnung: WLE-Archiv

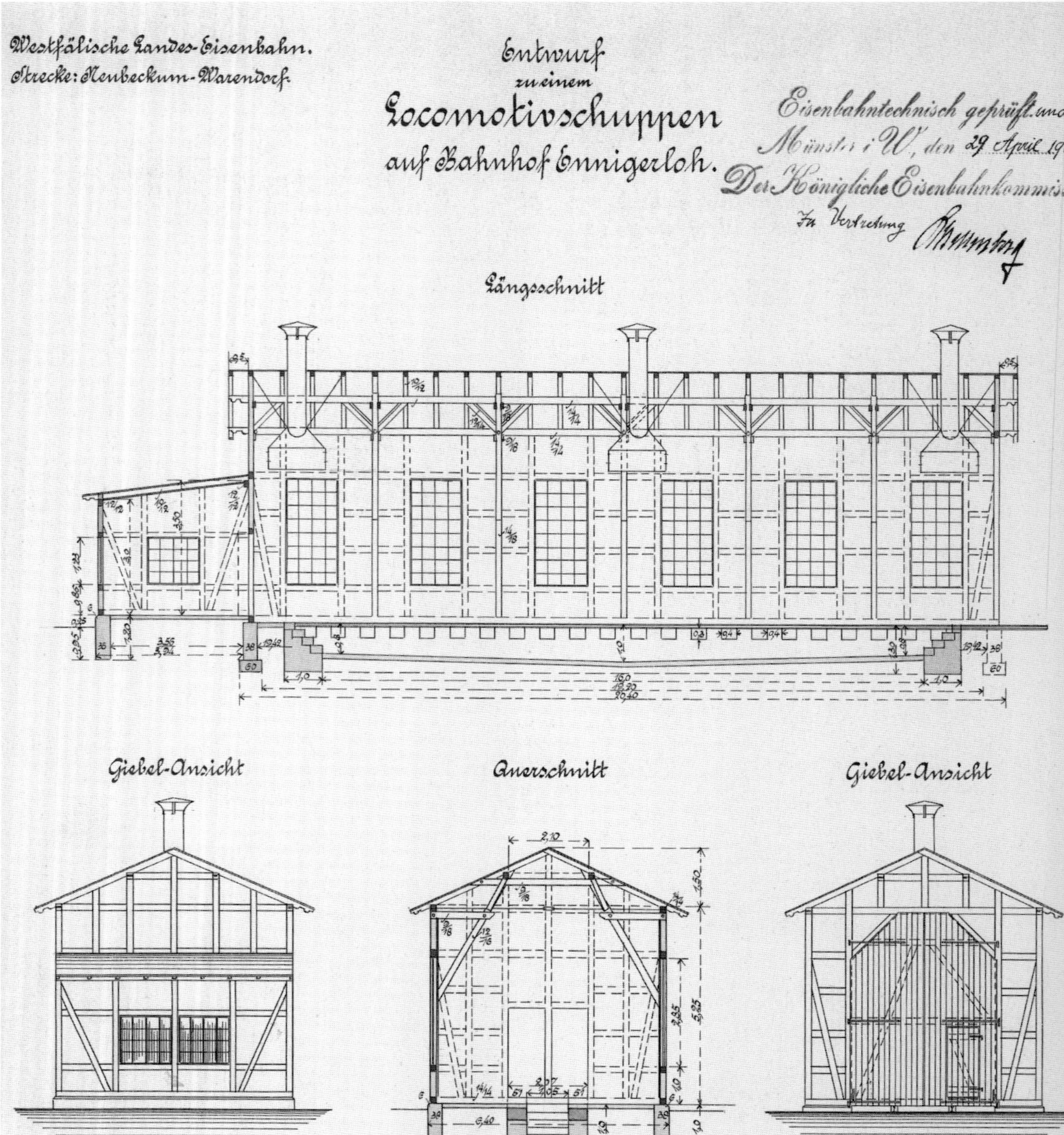

Im Bf Ennigerloh an der Zweigstrecke Neubeckum–Warendorf genügte ein eingleisiger Lokschuppen. Der Entwurf trägt den Prüfungsvermerk der Königlichen Eisenbahnkommission vom 29. April 1908. Zeichnung: WLE-Archiv

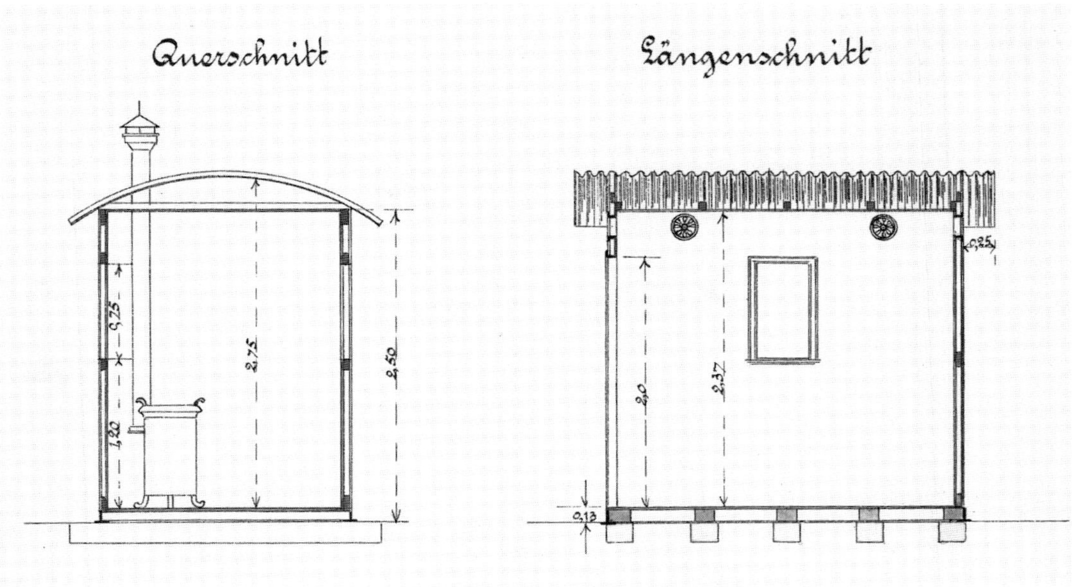

Schrankenwärterbude des Bahnhofs Lippstadt-Nord bis 1911 in Gebrauch.
Zeichnung: WLE-Archiv

10

Höhenverzeichnisse

Höhenverzeichnis der WLE-Bahnhöfe und Haltepunkte der Strecke Lippstadt–Warstein

Kilometer	Bahnhof	Abkürzung	Höhe (in Metern über NN)
0,0	Lippstadt	Lp	78,50
4,8	Westernkotten	W-kotten	92,50
7,5	Erwitte	Ew	108,00
9,2	Söbberinghoff	Sö	136,50
12,1	Anröchte	At	182,00
16,6	Mellrich	Mel	268,00
18,5	Uelde	Uel	293,00
23,3	Drewer	Der	303,00
26,1	Belecke Pbf	Be	256,00
27,4	Belecke-Lanfer	Be-L	268,50
30,7	Warstein	Wn	292,00

Höhenverzeichnis der WLE-Bahnhöfe und Haltepunkte der Strecke Soest–Brilon Stadt

Kilometer	Bahnhof	Abkürzung	Höhe (in Metern über NN)
54,2	Soest	Sot	97,00
52,6	Soest Thomätor	So	104,00
48,3	Elfsen	Ef	166,00
46,2	Neuengeseke-Hackeloh	Neu-H	200,00
44,5	Schalloh	Scha	228,00
41,5	Echtrop	Ech	278,00
37,2	Wamel (Möhnesee)	Wa	218,00
35,5	Völlinghausen	Vö	218,00
33,2	Niederbergheim	Nd	223,00
31,4	Allagen Dorfstraße	Al-D	234,00
30,4	Allagen	Al	236,00
28,7	Sichtigvor	Sg	239,75
25,2	Belecke Rbf	Be-R	
24,4	Belecke Pbf	Be	256,00
18,8	Altenrüthen	A-Rü	280,75
16,2	Rüthen	Rü	294,50
12,4	Kneblinghausen	Kn	315,60
10,8	Heidberg	Hb	
6,1	Scharfenberg	Sb	359,00
4,2	Wülfte	Wü	372,70
0,0	Brilon Stadt	Brs	428,00

Höhenverzeichnis der WLE-Bahnhöfe und Haltepunkte der Strecke Lippstadt–Neubeckum

Kilometer	Bahnhof	Abkürzung	Höhe (in Metern über NN)
0,0	Lippstadt	Lp	78,00
1,1	Abzw Lippebrücke		
2,3	Lippstadt Nord	Ln	76,00
3,4	Hauptwerkstätte	Hw	
4,0	Lippstadt West	Lw	
5,3	Cappel	Ca	73,50
9,9	Liesborn	Lb	77,50
12,9	Wadersloh	Wi	89,50
18,3	Diestedde	Dst	105,00
22,7	Dünninghausen	Dün	129,50
26,8	Beckum Ost Pbf	Bo	145,00
27,9	Beckum Ost Gbf	Bo	133,00
28,6/5,9	Beckum	Bks	126,00
1,7	Friedrichshorst	Fr	
0,0	Neubeckum	Nbm	97,00

Höhenverzeichnis der WLE-Bahnhöfe und Haltepunkte der Strecke Neubeckum–Münster

Kilometer	Bahnhof	Abkürzung	Höhe (in Metern über NN)
0,0	Neubeckum	Nbm	97,00
5,7	Enniger	Eg	75,50
7,7	Tönnishäuschen	Tö	70,60
14,8	Sendenhorst	Sd	63,75
18,2	Alst	Alst	58,90
22,2	Albersloh	Ao	54,30
27,2	Wolbeck	Wb	53,55
29,1	Angelmodde	Ang	52,00
31,5	Gremmendorf	Gre	56,80
35,0	Münster Ost	Ms	59,78[1]
36,1	Münster Hbf		

[1] Bolzenhöhe an der Landesbahnbrücke über den Dortmund-Ems-Kanal

Höhenverzeichnis der WLE-Bahnhöfe und Haltepunkte der Strecke Neubeckum–Warendorf

Kilometer	Bahnhof	Abkürzung	Höhe (in Metern über NN)
0,0	Neubeckum	Nbm	97,00
2,4	Kalköfen	Ka	103,75
4,3	Ennigerloh	Ei	103,60
5,4	Ennigerloh Nord		
6,1	Finkenberg	Fi	104,00
9,6	Westkirchen	Ws	80,00
16,8	Freckenhorst	Fh	59,30
20,5	Warendorf	W	55,50

Höhenverzeichnis der WLE-Bahnhöfe und Haltepunkte der Strecke Wiedenbrück–Sennelager

Kilometer	Bahnhof	Abkürzung	Höhe (in Metern über NN)
0,0	Wiedenbrück	Wk	73,00
2,5	Jägerheim	Jä	73,00
5,2	Lintel	Li	75,00
9,2	Rietberg-Neuenkirchen	Rb	78,00
13,1	Westerwiehe	W-wiehe	82,40
15,8	Westerloh	W-loh	82,30
18,4	Nordhagen	Nord	87,25
21,1	Delbrück	Db	107,00
26,2	Ostenland	Ost	98,80
32,4	Sennelager	Sl	107,50

Höhenverzeichnis der WLE-Bahnhöfe und Haltepunkte der Strecke Borken–Burgsteinfurt

Kilometer	Bahnhof	Abkürzung	Höhe (in Metern über NN)
0,0	Borken WLE	Bk	47,55
1,3	Gemen	Gm	43,00
6,9	Weseke	We	58,10
10,4	Südlohn	Sü	53,00
14,1	Hundewick	Hun	57,80
17,7	Stadtlohn	St	52,70
22,4	Almsick	Alm	59,30
26,3	Quantwick	Qua	55,40
30,2	Ahaus	As	50,35
33,0	Ahler Kapelle	Ahl-K	52,80
37,7	Nienborg-Heek	Nk	50,60
46,0	Metelen Ort	Me	57,20
54,5	Burgsteinfurt	f	67,70

Höhenverzeichnis der WLE-Bahnhöfe und Haltepunkte der Abzweigstrecke Stadtlohn–Vreden

Kilometer	Bahnhof	Abkürzung	Höhe (in Metern über NN)
0,0	Stadtlohn	St	52,70
1,4	Wessendorf	Wes	54,90
3,8	Wenningfeld	Wen	48,90
9,2	Vreden	Vd	39,40

11

Die Triebfahrzeuge der WLE

Die Dampflokomotiven der WLE

Name	Nummer	Bauart	Hersteller	Fabrik-Nr.	Baujahr	Bemerkungen
Möhne		Bn2t	Hohenzollern	144	1882	Lok entsprach Typ »Victor« und kam als Baulok über Soenderup & Cie. zur WLE; verkauft 1887; Empfänger unbekannt
Warstein		Cn2t	Henschel	1.486	1883	1908 verkauft an Fa. Schmidt, Hannover
Lippstadt	2	Cn2t	Henschel	1.487	1883	1908 verkauft an Fa. Schmidt, Hannover
von Droste-Hülshoff	3	Cn2t	Henschel	1.616	1884	ausgemustert 1908; verkauft an Rumänische Staatsbahn
Bergenthal	4	Cn2t	Henschel	2.860	1889	ausgemustert 1908; verkauft an Rumänische Staatsbahn
Westfalen	5	Cn2t	Esslingen	2.153	1885	ausgemustert 1909; verkauft an Kleinbahn Gittelde-Bad Grund
Louis Haniel	6	Cn2t	Hohenzollern	1.000	1898	pr. T 3, 30.11.1933 verkauft an Gew. Engels, Dortmund
Lieser	7	Cn2t	Hohenzollern	943	1897	pr. T 3, 30.11.1933 verkauft an Gew. Engels, Dortmund
Lippe	8	Cn2t	Hohenzollern	944	1897	pr. T 3, ausgemustert 26.8.1915
Glenne	9	Cn2t	Hohenzollern	946	1898	pr. T 3, 30.11.1933 verkauft an Erich am Ende, Berlin
Overweg	10	Cn2t	Hohenzollern	1.001	1898	pr. T 3, verkauft 1920 an Kleinbahn Verden-Walsrode
Soest	11	Cn2t	Hohenzollern	1.002	1898	pr. T 3, 30.11.1933 verkauft an Erich am Ende, Berlin
Belecke	12	Cn2t	Hohenzollern	1.003	1898	pr. T 3, ausgemustert 1936
Ruethen	13	Cn2t	Hohenzollern	1.004	1898	pr. T 3, ausgemustert 1916
Brilon	14	Cn2t	Hohenzollern	1.005	1898	pr. T 3, 1936 verkauft an Erich am Ende, Berlin
Möhne (2. Bes)	15	Cn2t	Hohenzollern	1.008	1898	pr. T 3, ausgemustert 1936
Plassmann	16	Cn2t	Hohenzollern	1.140	1899	pr. T 3, ausgemustert 31.12.49
von Landsberg	17	Cn2t	Hohenzollern	1.182	1899	pr. T 3, 15.03.1937 an Anhaltische Landes-Eisenbahn verkauft; eingesetzt als Nr. 8 bei Dessau-Wörlitzer Eisenbahn, ab 1949 DR 89 6106
Steinfurth	18	Cn2t	Hohenzollern	1.009	1898	pr. T 3, 13.01.1939 verkauft an Erich am Ende, Berlin
Beckum	19	Cn2t	Hohenzollern	1.183	1899	pr. T 3, 1937 verkauft an Erich am Ende, Berlin
	21 (0021)	1Bh2	MBG Karlsruhe	1.896	1914	bad. I g, ex DR 70 105; 1938 von Erich am Ende gekauft; 1960 zur Verschrottung verkauft
	22 (0022)	1Bh2	MBG Karslruhe	1.897	1914	bad. I g, ex DR 70 104; 1938 von Erich am Ende gekauft, 1960 zur Verschrottung verkauft
	31 (0031)	1'C1'h2t	Borsig	14.611	1936	1970 verschrottet
	32 (0032)	1'C1'h2t	Borsig	14.612	1936	1969 verschrottet
	33 (0033)	1'C1'h2t	Borsig	14.700	1938	1971 verschrottet
	34 (0034)	1'C1'h2t	Borsig	14.701	1938	1965 verschrottet
	35 (0035)	1'C1'h2t	Borsig	14.976	1941	1965 verschrottet
	0037	1'C1'h2t	Hanomag	10.473	1926	1954/55 von Henschel aus Nr. 98 (C1'h2) umgebaut; Juli 1962 ausgemustert

Name	Nummer	Bauart	Hersteller	Fabrik-Nr.	Baujahr	Bemerkungen
	0038	1'C1'h2t	Hanomag	10474	1926	1952 von Henschel aus Nr. 97 (C1'h2) umgebaut, Januar 1962 ausgemustert
	51 (0051)	Cn2t	Borsig	4.880	1901	pr. T 3, am 01.07.1959 verschrottet
	52	Cn2t	Borsig	4.881	1901	pr. T 3, am 01.08.1949 verschrottet
	53 (0053)	Cn2t	Borsig	4.882	1901	pr. T 3, am 01.07.1959 verschrottet
	54 (0054)	Cn2t	Borsig	4.883	1901	pr. T 3, am 31.12.56 verschrottet
	55	Cn2t	Borsig	4.884	1901	pr. T 3, am 20.11.1937 verkauft an Erich am Ende, Berlin
	56 (0056)	Cn2t	Borsig	4.885	1901	pr. T 3, am 31.12.1956 verschrottet
	57 (0057)	Cn2t	Borsig	4.886	1901	pr. T 3, am 31.12.1956 verschrottet
	58 (0058)	Cn2t	Borsig	4.887	1901	pr. T 3, am 01.07.1959 verschrottet
	59 (0059)	Cn2t	Borsig	4.888	1902	pr. T 3, am 31.12.1957 verschrottet
	60	Cn2t	Borsig	4.889	1902	pr. T 3, am 23.02.1938 verkauft an Erich am Ende, Berlin
	61	Cn2t	Borsig	4.890	1902	pr. T 3, am 31.12.1949 verschrottet
	62 (0062)	Cn2t	Borsig	4.891	1902	pr. T 3, 1955 verschrottet
	63	Cn2t	Borsig	4.892	1902	pr. T 3, am 31.12.1949 verschrottet
	64 (0064)	Cn2t	Borsig	4.893	1902	pr. T 3, am 1.7.59 verschrottet
von Schorlemer-Alst	65	Cn2t	Borsig	4.894	1902	pr. T 3, am 31.12.49 verschrottet
	71 (0071)	1'Cn2t	O&K	1.315	1904	pr. T 9.3, ex KPEV Breslau 7372, ex DRG 91 714; 1935 von Erich am Ende gekauft; 31.12.1957 ausgemustert
	72 (0072)	1'Cn2t	Schichau	1.389	1905	pr. T 9.3, ex KPEV Breslau 7318, ex DRG 91 712, 1935/36 von Erich am Ende gekauft; 1960 ausgemustert
	73 (0073)	1'Ch2t	Hanomag	5816	1910	pr. T 9.3, ex KPEV Hanover 7268, ex. DRG 91 1309, 1935/36 von Erich am Ende gekauft; 1960 verkauft
	74 (0074)	1'Ch2t	Jung	1.369	1909	pr. T 9.3, ex KPEV Erfurt 7323, ex DRG 91 1275, 1935/36 von Erich am Ende gekauft; Juli 1962 ausgemustert
	75 (0075)	1'Ch2t	O&K	1.564	1905	pr. T 9.3, ex KPEV Stettin 7367, ex DRG 91 726, ex MFWE Nr. 29, 1935/36 von Erich am Ende gekauft; Juli 1962 ausgemustert
	76 (0076)	1'Cn2t	Jung	641	1903	pr. T 9.3, ex KPEV Erfurt 7268, ex DRG 91 1803, ex MFWE Nr. 30, 1935/36 von Erich am Ende gekauft; 01.07.1959 verkauft
	77 (0077)	1'Ch2t	Jung	677	1903	pr. T 9.3, ex KPEV Frankfurt 7257, ex DRG 91 599, 1935/36 von Erich am Ende gekauft; 1960 ausgemustert
	81	Cn2vt	Hanomag	5.205	1908	1935 verkauft an Erich am Ende; später Kleinbahn Damme-Schönermark Nr. 11; Salzwedeler Kleinbahn Nr. 299; ab 1949 DR 89 6403; 14.07.1958 ausgemustert
	82	Cn2vt	Hanomag	5.206	1908	1937 verkauft an Erich am Ende
	83	Cn2vt	Hanomag	5.207	1908	1935 verkauft an Erich am Ende
	84	Cn2vt	Borsig	7.169	1909	1935 verkauft an Erich am Ende
	85	Cn2vt	Borsig	7.170	1909	1936 verkauft an Erich am Ende; spätere Werklok 21 Gutehoffnungshütte Dortmund
	86	Ch2t	Hohenzollern	2.704	1910	ex MWFE 2 »Buschhoff«, ex DRG 89 941; gekauft 19.10.1946; verkauft 29.04.1953 an Reuschling, Hattingen
	87	Ch2t	Hohenzollern	3.323	1914	ex MFWE 12 »Thurow«, ex DRG 89 942; gekauft 19.10.1946; verkauft 1951 an Lehr & Co, Hannover
	88	Ch2t	Linke-Hoffmann	462	1907	pr. T 8, ex KPEV 7016 Berlin, ex DRG 89 039; ex MFWE 3, ex DR 89 1003; gekauft 19.10.1946; verkauft 29.04.1953 an Reuschling Hattingen
	91 (0091)	C1'n2vt	Borsig	7.456	1910	31.12.1956 ausgemustert und verkauft
	92	C1'n2vt	Borsig	7.457	1910	31.12.1947 wegen Kriegsschäden ausgemustert
	93 (0093)	C1'n2vt	Borsig	7.458	1910	1955 ausgemustert
	94 (0094)	C1'h2t	Borsig	8.486	1912	Oktober 1964 ausgemustert

Name	Nummer	Bauart	Hersteller	Fabrik-Nr.	Baujahr	Bemerkungen
	95 (0095)	C1'h2t	Borsig	8.487	1912	1960 verkauft
	96 (0096)	C1'h2t	Borsig	8.488	1912	Juli 1962 verkauft
Kamp	101 (0101)	En2t	Hanomag	4.313	1904	verschrottet 1955
	102 (0102)	En2t	Hanomag	4.314	1904	verschrottet 1955
Wanne	103 (0103)	En2t	Hanomag	4.315	1904	31.12.1956 verschrottet
	104 (0104)	En2t	Hanomag	10.106	1922	08.11.1949 Umbau auf Heißdampf, 1960 verschrottet
	105 (0105)	En2t	Hanomag	10.107	1922	10.03.1936 Umbau auf Heißdampf, 1960 verschrottet
Hoff	106 (0106)	Eh2t	Hanomag	10.595	1928	Dezember 1963 ausgemustert
	107 (0107)	Eh2t	Hanomag	10.596	1928	Dezember 1963 ausgemustert
	108 (0108)	Eh2t	Schwartzkopff	4.324	1909	pr.T 16, ex KPEV 8137 Breslau, ex DRG 94 263; 1934 von Erich am Ende gekauft; Juli 62 verkauft
	109 (0109)	Eh2t	Schwartzkopff	5030	1913	pr.T 16, ex KPEV 8143 Erfurt, ex DRG 94 423, ex MFWE 37, 1934 von Erich am Ende gekauft; Juli 1963 verschrottet
	121 (0121)	1'E1'h2t	Borsig	14.666	1937	verschrottet 1965
	122 (0122)	1'E1'h2t	Borsig	14.667	1937	verschrottet Juli 1971
	123 (0123)	1'E1'h2t	Borsig	15.055	1943	verschrottet 1968
	151	Dh2t	Borsig	9.188	1919	verkauft 1951 an die Hüttenwerke Oberhausen Nr. 28; verschrottet 1962
	152	Dh2t	Borsig	9.189	1919	ausgemustert1937
	153 (0153)	Dn2t	Jung	3.382	1922	ex Bremer Hafenbahn Nr. 22; ex DR 92 916; gekauft 1936 von DR; 30.10.1958 verkauft als Schrott an Fa. Löcker
	154 (0154)	Dn2t	Jung	3.383	1922	ex Bremer Hafenbahn Nr. 23; ex DR 92 917; gekauft 1936 von DR; 30.10.1958 verkauft als Schrott an Fa. Löcker
	155 (0155)	Dn2t	Jung	3.384	1922	ex Bremer Hafenbahn Nr. 24; ex DR 92 918; gekauft 1937 von DR; 31.12.1957 ausgemustert
	156 (0156)	Dh2t	Hanomag	9.764	1921	pr. T 13.1, ex 7909 Königsberg, ex DRG 92 409, gekauft 1947 von DR; 30.10.1958 verkauft
	157 (0157)	Dh2t	Krauss&Cie	8.077	1923	pr. T 13.1, ex 7936 Saar, ex DRG 92 415; gekauft 1949 von DR; 1960 verkauft
	158 (0158)	Dh2t	Hanomag	9.758	1921	old. T 13, ex 288 Oldenburg, ex DRG 92 403; gekauft 1949 von DR; 30.10.1958 verkauft
	201 (0201)	Dh2	Hanomag	6.007	1910	pr. G 9, ex KPEV 5012 Coeln, ex DRG 55 2375; gekauft von DR 1947; November 1963 verschrottet
	202 (0202)	Dh2	Hanomag	5.776	1910	pr. G 9, ex KPEV 5112 Breslau, ex DRG 55 2343; gekauft von DR 1947; Juli 1962 verschrottet
	203 (0203)	Dh2	Schichau	1.920	1911	pr. G 9, ex KPEV 5103 Essen, ex DRG 55 2426; gekauft von DR 1948; Januar 1962 verkauft
	204 (0204)	Dh2	Schichau	1.802	1909	pr. G 9, ex KPEV 5105 Breslau, ex DRG 55 2331; gekauft von DR 1948; 1960 verkauft; Tender umgebaut in Schneepflug 7051

Die Diesellokomotiven der WLE

Loknummer	Achsfolge	Hersteller	Baujahr	Fabriknummer	Bemerkungen
DL 1	B	Motoren-Fabrik Deutz AG	1929	Motor-Nr. 173.777/778	1935 gekauft von Landmaschinenfabrik Heinert in Soest; 1949verkauft an Betonwerke Wüseke Paderborn-Sennelager
DL 2	C	Klöckner-Humboldt-Deutz AG	1938	19.755	1940 verkauft an die Kriegsmarinewerft Kiel; 1970 ausgemustert
VL 0601	B	Klöckner-Humboldt-Deutz AG	1954	55.774	1976 gekauft von Ruhr-Lippe Eisenbahn; am 30.09.1986 an Fa. Karmann, Rheine verkauft
VL 0602	B	Klöckner-Humboldt-Deutz AG	1954	55.773	1976 gekauft von Ruhr-Lippe Eisenbahn; 1984 verkauft an Fa. CCC Kohleveredlung, Brüggen
VL 0603	B	Windhoff AG, Rheine	1946	904	ab 1946 bei der WLE in Betrieb; 30.04.1974 verkauft an Tecklenburger Nordbahn; 1978 verkauft an Museumsbahn Weserbergland; 1988 an Museumsbahn Minden
VL 0604	B	Windhoff AG, Rheine	1948	915	01.04.1996 ausgemustert; Januar 1998 an Eisenbahnfreunde Hamm/Westf. verkauft
VL 0605	B	MaK Kiel	1958	220.043	1960 übernommen; ab 1973 von Ruhr-Lippe Eisenbahn als D-58 eingesetzt; 1977 nach Italien verkauft
VL 0606 (V 36 315)	C	Deutsche Werke Kiel	1941	693	1954 von Maximilianshütte übernommen; 1960 verkauft an WLE; ++ 31.12.1970
VL 0607 (V 36 317)	C	Deutsche Werke Kiel	1941	694	1954 von Maximilianshütte übernommen; 1960 verkauft an WLE; ++ 10.08.1971
VL 0608 (V 36 310)	C	Deutsche Werke Kiel	1937	610	nach 2. Weltkrieg an DR/DB verkauft; am 14.11.1961 an AW Opladen verkauft; ++1974
VL 0609	C	MaK Kiel	1966	400.059	1971 als Mietkauf zur WLE; am 25.02.1977 verkauft an Ruhr-Lippe Eisenbahn; 1983 verkauft an Regional-Verkehrs-Gesellschaft Münsterland; 1983 verkauft nach Italien
VL 0610	C	MaK Kiel	1967	400.058	1970 als Mietkauf zur WLE; am 08.01.1976 verkauft an Ruhr-Lippe Eisenbahn; Juli 1982 verkauft an Westdt. Bahn- und Baudarf, Hattingen
VL 0611	D	MaK Kiel	1955	500.022	bis 1955 bei Werkbahn Fa. Wolff, Bomlitz; uni 1981 verkauft an RLE; 1987 über Fa. OnRail nach Italien
VL 0612	D	MaK Kiel	1955	500.023	bis 1955 bei Werkbahn Fa. Wolff, Bomlitz; Januar 1981 verkauft an RLE; 1986 nach Unfall abgestellt; 1987 über Fa. OnRail nach Italien
VL 0613	D	MaK Kiel	1958	600.127	bis 1959 bei Werkbahn Fa. Wolff, Bomlitz; am 20.01.1981 verkauft an RVM; am 20.04.1988 über Fa. Neudeck, Biberach nach Italien
RT 0615 (RT 15)	B	Gmeinder & Co	1965	5.373	November 1980 über Fa. Rowagg gekauft; ex. Hüttenwerke Oberhausen Nr. 501
RT 0616 (RT 16)	B	Breuer-Werke, Frankfurt (M.)	1954	3.082	Neu an »Rhenus« Hanau; Mai 1986 an Eisenbahnfreunde Wetterau; Juni 1987 von Eisenbahnfreunden Wetterau durch Tausch gegen WLE-Packwagen 3491

Loknummer	Achsfolge	Hersteller	Baujahr	Fabriknummer	Bemerkungen
VL 0621	D	MaK Kiel	1956	800.038	1956 von WLE in Dienst gestellt; Herbst 1977 nach Italien verkauft
VL 0622	D	MaK Kiel	1953	800.010	1953–1955 in Kuba; ab 1956 in Kanada; danach Mindener Kreisbahn und Essener Hafenbahn; 1959 WLE; Herbst 1977 nach Italien verkauft
VL 0630 (30)	C'C'	Thyssen-Henschel	1964	57.651	1986 umgebaut aus DL 200.093 »Berlin« der Osthannoverschen Eisenbahnen
VL 0631	B'B'	Klöckner-Humboldt-Deutz	1957	56.594	1986 umgebaut; seit 1996 abgestellt
VL 0632	B'B'	Klöckner-Humboldt-Deutz	1957	56.595	1988 nach Italien verkauft
VL 0633	B'B'	Klöckner-Humboldt-Deutz	1959	56.596	1988 nach Italien verkauft
VL 0634 (34)	B'B'	Klöckner-Humboldt-Deutz	1956	56.288	1967 ex Nederlandse Staatsmijnen; 1986 Umbau in C'C'
VL 0635 (35)	B'B'	Klöckner-Humboldt-Deutz	1966	59.107	1966 von WLE in Dienst gestellt
VL 0636 (36)	B'B'	Klöckner-Humboldt-Deutz	1962	57.419	ex Werklok der Hoesch AG, Dortmund; 1969 von WLE gekauft
VL 0637 (37)	C'C'	Klöckner-Humboldt-Deutz	1970	58.251	Januar 1981 von Dortmunder Hafen- und Eisenbahn AG gekauft
VL 0638 (38)	C'C'	Klöckner-Humboldt-Deutz	1970	58.252	Januar 1981 von Dortmunder Hafen- und Eisenbahn AG gekauft
VL 0639 (39)	B'B'	Klöckner-Humboldt-Deutz	1961	57.146	Februar 1982 über Fa. Rowagg gekauft, ex Werklok M-12 der Bayerischen Braunkohlen Industrie, Schwandorf/Opf.
VL 0640 (40)	B'B'	Klöckner-Humboldt-Deutz	1970	58.254	August 1982 von Klöckner-Hütte, Bremen gekauft
VL 0641	D	MaK Kiel	1962	1.000.059	Mitte der 70er-Jahre von Gleit- auf Rollenlager umgebaut; Juli 1983 über Fa. Rowagg nach Italien
VL 0642	D	MaK Kiel	1962	1.000.060	Mitte der 70er-Jahre von Gleit- auf Rollenlager umgebaut; August 1982 über Fa. Rowagg nach Italien
VL 0643	D	MaK Kiel	1962	1.000.061	Mitte der 70er-Jahre von Gleit- auf Rollenlager umgebaut; August 1982 über Fa. Rowagg nach Italien
44	B'B'	Klöckner-Humboldt-Deutz	1961	57.190	Juni 1987 über Fa. OnRail gekauft; ex V 34 der Köln-Bonner Eisenbahnen
46	B'B'	Klöckner-Humboldt-Deutz	1963	57.660	April 1994 von Bayerischen Braunkohlen-Industrie, Schwandorf/Opf. gekauft; ex Werklok M-14
VL 0651	D	MaK Kiel	1962	1.000.058	Mitte der 70er-Jahre von Gleit- auf Rollenlager umgebaut; 1985 verkauft an RVMC Nr. 27
VL 0661 (61)	B'B'	MaK Kiel	1974	1.000.596	1998 Caterpillar-Motor
VL 0662 (62)	B'B'	MaK Kiel	1974	1.000.598	1996 Caterpillar-Motor
VL 0671 (71)	B'B'	Krupp-Mak	1981	1.000.796	Indienststellung 1981
VL 0672 (72)	B'B'	Krupp-Mak	1982	1.000.806	Indienststellung 1982
DE 0901	Bo'Bo'	Krupp/AEG	1964 1973	4.400 (Fahrzeugteil) 8.440 (elek. Teil)	Prototyp; September 1969 gemietet WLE; gekauft; am 05.08.1981 an DEG verkauft; ab 1983 bei Farge-Vegesacker Eisenbahn als VE 151; 1990 an Schweizerische Südostbahn verkauft
DE 0902	Bo'Bo'	Henschel/SSW	1962	29.862 (Fahrzeugteil) 6 226 (elek. Teil)	Mai 1972 von WLE gekauft; ++ 26.09.1978

Die Dieseltriebwagen der WLE

Triebwagen	Achsfolge	Hersteller	Baujahr	Fabriknummer	Bemerkungen
VT 1 (1001)	A 1	Triebwagenbau AG, Kiel	1928	160	ab 1937 Dieselmotor (DT 11); November 1970 verkauft an Eisenbahnfreunde Beckum; 1958 Umbau in Steuerwagen (VS 1501) ;. 1973 an Schrottfirma Westarp verkauft
VT 2 (1002)	A 1	Triebwagenbau AG, Kiel	1928	161	ab 1935 Dieselmotor (DT 12); 1958 umgebaut in Steuerwagen (VS 1502); ++ 1974
DT 1 (VT 1011)	(1 A)' (A 1)'	WUMAG Görlitz	1935	-	erst Warendorf, Westf. Nordbahn, 1962 verkauft an Kahlgrund-Verkehrs-Gesellschaft
DT 2 (VT 1021)	(1 A)' (A 1)'	WUMAG Görlitz	1936	-	1971 Ausbau der Maschinen. ++ 09.10.1973
VT 1031	(1 A)' (A 1)'	Waggonfabrik Uerdingen	1953	58.126	Mai 1975 verkauft an Tramvie Provincialie Napoli, 23.06.1975 überführt
VT 1032	(1 A)' (A 1)'	Waggonfabrik Uerdingen	1953	58.128	Mai 1975 verkauft an Tramvie Provincialie Napoli, 23.06.1975 überführt
VT 1033	(1 A)' (A 1)'	Waggonfabrik Uerdingen	1953	58.130	Mai 1975 verkauft an Tramvie Provincialie Napoli, 23.06.1975 überführt

Die Steuer- und Beiwagen der WLE

Fahrzeug	Achsfolge	Hersteller	Baujahr	Fabriknummer	Bemerkungen
VS 1531	2'2'	Waggonfabrik Uerdingen	1953	58.127	nach Unfall 1970 ausgemustert, ++ 1972
VS 1532	2'2'	Waggonfabrik Uerdingen	1953	58.129	nach Italien verkauft
VS 1533	2'2'	Waggonfabrik Uerdingen	1953	58.131	nach Italien verkauft
St 1 (VS 1521)	2'1'	WUMAG Görlitz	1936	-	ab 1951 St 2301, ab 1953 VS 1521; nach Betriebsunfall ++ 1965
VS 1522	2'2'	WUMAG Görlitz	1934	-	ex VS 145 017, 1965 von DB gekauft, ++ 09.10.1974
VB 1501		Eigenbau WLE	1953	2.857	Umbau auf BC 3i 2222, ++ 1957
VB 1502 (VB 1601)		Eigenbau WLE		1954	2.783 Umbau auf BC 3i 225 (2225), ++ 1970
VB 2048		v.d. Zypen & Charlier	1901	70.413	ex Salonwagen Bi 200 (ex 120); 1951-52 umgebaut zum VB; ++ 1965

12

Pack- und Reisewagen der WLE

Die Personenwagen der WLE

Wagen-Nr.	Gattung	Hersteller	Fabrik-Nr.	Baujahr	Bemerkungen
34 (1)	C	Waggonfabrik Ludwigshafen/Rh.		1883	umgebaut zum IV. Klasse-Wagen (Nr. 11; ab 18.09.1908 D3; Untergestell für Packwagen verwendet
35 (2)	C	Killing & Sohn, Hagen/Westf.	-	1883	Untergestell für Packwagen verwendet
11 (3)	C	Waggonfabrik Ludwigshafen/Rh.	-	1888	umgebaut zu IV. Klasse-Wagen (Nr. 2; Untergestell 1909 für Pw 235 verwendet
12	D	Killing & Sohn, Hagen/Westf.	-	1895	Untergestell für Packwagen verwendet
101	BC	Waggonfabrik Ludwigshafen/Rh.	-	1883	am 01.04.1912 umgebaut in Post-Packwagen; ausgemustert 16.10.1978; 1980 verkauft an EF Wesel
102	BC	Waggonfabrik Ludwigshafen/Rh.	-	1883	
103	BC	Killing & Sohn, Hagen/Westf.	-	1883	
104 (1)	Bci	Killing & Sohn, Hagen/Westf.	-	1898	umgebaut in III. Klasse-Wagen, 1933 ausgemustert und verkauft
105 (2)	Bci	Killing & Sohn, Hagen/Westf.	-	1898	umgebaut in III. Klasse-Wagen, 1930 abgebaut
106 (3)	Bci	Killing & Sohn, Hagen/Westf.	-	1898	umgebaut in III. Klasse-Wagen, 1935 außer Dienst, am 14.03.1939 an Erich am Ende verkauft
107 (4)	Bci	Killing & Sohn, Hagen/Westf.	-	1898	umgebaut in III. Klasse-Wagen, 1932 abgebaut, Wagenkasten verkauft
108 (5)	Bci	Killing & Sohn, Hagen/Westf.	-	1898	1931 ausgem. Am 09.06.1932 abgebaut und verkauft
109	Bci	Killing & Sohn, Hagen/Westf.	-	1898	am 07.04.1910 verbrannt; Untergestell für Neuafbau Pwg 233
110 (6)	Bci	Killing & Sohn, Hagen/Westf	-	1898	1932 abgebaut und verkauft
111 (7)	Bci	Killing & Sohn, Hagen/Westf.	-	1898	1931 ausgemuster; Wagenkasten verkauft
112 (8)	Bci	Killing & Sohn, Hagen/Westf.	-	1898	am 07.07.1932 abgebaut; Wagenkasten verkauft
12	Ci	Killing & Sohn, Hagen/Westf.	-	1895	1935 ausgemustert; Wagenkasten am 31.08.1959 ++
13	Ci	Killing & Sohn, Hagen/Westf.	-	1895	1935 ausgemusert; Untergestell am 14.03.1939 verkauft; Wagenkasten 1958 ++
14	Ci	Killing & Sohn, Hagen/Westf.	-	1895	1936 umgebaut zu Ballastwagen (7011); August 1963 in Anröchte verbrannt und danach ++
15	Ci	Killing & Sohn, Hagen/Westf.	-	1897	1935 Mannschaftswagen für Hilfszug; ausgemustert 31.12.1959, ++ August 1963
17	Ci	Killing & Sohn, Hagen/Westf.	-	1898	am 26.03.1932 abgebaut; Wagenkasten verkauft

Wagen-Nr.	Gattung	Hersteller	Fabrik-Nr.	Baujahr	Bemerkungen
18	Ci	Killing & Sohn, Hagen/Westf	-	1898	1932 abgebaut; Wagenkasten verkauft
19	Ci	Killing & Sohn, Hagen/Westf.	-	1898	1932 in Stadtlohn außer Dienst gestellt; Wagen verkauft
20	Ci	Killing & Sohn, Hagen/Westf.	-	1898	1932 in Stadtlohn außer Dienst gestellt; Untergestell für X-Wagen 5503
21 (2021)	Ci	v.d. Zypen & Charlier	65.579	1901	++ 31.08.1959
22 (2022)	Ci	v.d. Zypen & Charlier	65.580	1901	++ 1958
23 (2023)	Ci	v.d. Zypen & Charlier	65.581	1901	August 1963 in Anröchte abgebrannt und verschrottet
24 (2024)	Ci	v.d. Zypen & Charlier	65.588	1901	August 1963 in Anröchte abgebrannt u. verschrottet
25 (2025)	Ci	v.d. Zypen & Charlier	65.589	1901	1965 in Anröchte abgebrannt und verschrottet
26 (2026)	Ci	v.d. Zypen & Charlier	65.590	1901	1965 in Anröchte abgebrannt und verschrottet
27 (2027)	Ci	v.d. Zypen & Charlier	65.591	1901	August 1963 in Anröchte abgebrannt u. verschrottet
28 (2028)	Ci	v.d. Zypen & Charlier	65.592	1901	++ 1958
29 (2029)	Ci	v.d. Zypen & Charlier	65.593	1901	1964 in Anröchte abgebrannt und verschrottet
30 (2030)	Ci	v.d. Zypen & Charlier	65.594	1901	August 1963 in Anröchte abgebrannt u. verschrottet
31 (2031)	Ci	v.d. Zypen & Charlier	65.595	1901	August 1963 in Anröchte abgebrannt und verschrottet
32 (2032)	Ci	v.d. Zypen & Charlier	65.596	1901	August 1963 in Anröchte abgebrannt und verschrottet.
33 (2033)	Ci	v.d. Zypen & Charlier	65.600	1901	1962 als fahrbare Entladerampe für den Bf Erwitte umgebaut
34	Ci	v.d. Zypen & Charlier	65.601	1901	1937 verkauft
35 (2035)	Ci	v.d. Zypen & Charlier	65.602	1901	++ 1956
36 (2036)	Ci	v.d. Zypen & Charlier	65.603	1901	1964 in Anröchte abgebrannt und verschrottet
37 (2037)	Ci	v.d. Zypen & Charlier	65.604	1901	++ 15.02.1951
38	Ci	v.d. Zypen & Charlier	65.605	1901	++ 1950
51 (2051)	Ci	v.d. Zypen & Charlier	75.604	1904	1964 in Anröchte abgebrannt und verschrottet.
52 (2052)	Ci	v.d. Zypen & Charlier	75.605	1904	August 1963 in Anröchte abgebrannt und verschrottet
53	Ci	v.d. Zypen & Charlier	75.606	1904	am 31.12.1945 ausgemustert; Untergestell verschrottet am 01.05.1949.
54	Ci	v.d. Zypen & Charlier	75.607	1904	++ 1937
55 (2055)	Ci	v.d. Zypen & Charlier	75.608	1904	1912 Umbau in BCi; August 1963 in Anröchte abgebrannt und verschrottet
56 (2056)	Ci	v.d. Zypen & Charlier	75.609	1904	1912 Umbau in BCi; 1967 ausgemustert und verschrottet
57	Ci	v.d. Zypen & Charlier	75.610	1904	am 20.11.1951 ausgemustert
58	Ci	v.d. Zypen & Charlier	75.611	1904	1932 Umbau in BCi; am 01.05.1949 ausgemustert; Untergestell später verschrottet
61 (2061)	Ci	v.d. Zypen & Charlier	95.982	1910	1965 letzte Einzelteile in Anröchte abgebrannt und verschrottet
62 (2062)	Ci	Waggonfabrik Wismar	-	1912	1965 in Anröchte abgebrannt und verschrottet
63 (2063)	Ci	Waggonfabrik Wismar	-	1912	1965 in Anröchte abgebrannt und verschrottet
64	Ci	Waggonfabrik Wismar	-	1912	++ 01.09.1946
65 (2065)	Ci	Waggonfabrik Wismar	-	1912	1965 in Anröchte abgebrannt und verschrottet
66	Ci	Waggonfabrik Wismar	-	1912	++ 31.12.1945 (Kriegsschaden); Untergestellt verschrottet 01.05.1949
67 (2067)	Ci	v.d. Zypen & Charlier	101.624	1911	1964 in Anröchte abgebrannt und verschrottet
68 (2068)	Ci	v.d. Zypen & Charlier	101.625	1911	August 1964 in Anröchte abgebrannt und verschrottet.
69 (2069)	Ci	v.d. Zypen & Charlier	101.626	1911	1964 in Anröchte abgebrannt und verschrottet
70 (2070)	Ci	v.d. Zypen & Charlier	101.622	1911	August 1963 in Anröchte abgebrannt und verschrottet.
71 (2071)	Ci	v.d. Zypen & Charlier	101.623	1911	August 1963 in Anröchte abgebrannt und verschrottet
81 (2081)	Ci	Hannoversche Waggonfabrik	-	1926	1967 in Anröchte abgebrannt und verschrottet

Wagen-Nr.	Gattung	Hersteller	Fabrik-Nr.	Baujahr	Bemerkungen
82 (2082)	Ci	Hannoversche Waggonfabrik	-	1926	nach Petershagen verkauft
83 (2083)	Ci	Hannoversche Waggonfabrik	-	1926	++ 1963
91 (2091)	Ci	Waggonfabrik Uerdingen	36.932	1929	++ 1960
92 (2092)	Ci	Waggonfabrik Uerdingen	36.929	1929	++ 1960
93 (2093)	Ci	Waggonfabrik Uerdingen	36.930	1929	++ 30.11.1953
94 (2094)	Ci	Waggonfabrik Uerdingen	36.931	1929	++ 30.01.1953
101	C 4i (Württ.)	-	-	1895	am 05.12.1944 ausgemustert (vermutlich Kriegsschaden)
102	C 4i (Württ.)	-	-	1897	am 04.11.1947 ausgemustert
103	C 4i (Württ.)	-	-	1904	am 31.12.1951 ausgemsutert
104 (2104)	C 4i	-	-	1904	1936 von Erich am Ende gekauft; ex C 4ü der KPEV; ++ 1958
105	C 4i	-	-	1905	1937 von Erich am Ende gekauft; ex C 4ü der KPEV; ++ 05.12.1944 (vermutlich Kriegsschaden)
106 (2106)	C 4i	-	-	1905	1937 von Erich am ende gekauft; ex C 4ü der KPEV; ++ 31.12.1957
107 (2107)	C 4i	-	-	1905	1938 von Erich am Ende gekauft; ex C 4ü der KPEV; ++ 31.07.1957
108 (2108)	C 4i	-	-	-	1938 von Erich am Ende gekauft; ex C 4ü der KPEV
109 (2109)	C 4i	-	-	1909	1939 von Erich am Ende gekauft; ex MITROPA-Speisewagen; 1965 in Anröchte abgebrannt und verschrottet
110 (2110)	C 4i		-	1909	1940 von Erich am Ende gekauft; ex MITROPA-Speisewagen; 1965 in Anröchte abgebrannt und verschrottet
120 (2120)	Bi Salon	v.d. Zypen & Charlier	70.413	1901	1951/52 Umbau in VB; ++ 1965
201 (2201)	BCi	v.d. Zypen & Charlier	69.562	1901	August 1963 in Anröchte abgebrannt und verschrottet
202 (2042)	BCi	v.d. Zypen & Charlier	69.563	1901	August 1963 in Anröchte abgebrannt und verschrottet
203 (2043)	BCi	v.d. Zypen & Charlier	69.564	1901	August 1963 in Anröchte abgebrannt und verschrottet
204 (2204)	BCi	v.d. Zypen & Charlier	69.565	1901	++ 1965
205 (2045)	BCi	v.d. Zypen & Charlier	69.566	1901	++ 1965
206 (2206)	BCi	v.d. Zypen & Charlier	69.567	1901	August 1963 in Anröchte abgebrannt nd verschrottet
207 (2207)	BCi	v.d. Zypen & Charlier	69.568	1901	August 1963 in Anröchte abgebrannt und verschrottet
208 (2040)	BCi	v.d. Zypen & Charlier	69.569	1901	1965 in Anröchte abgebrannt und verschrottet
209	BCi	v.d. Zypen & Charlier	69.570	1901	am 01.05.1946 ausgemustert wegen Kriegsschaden; Untergestell für Neuaufbau der BCi 241
210 (2210)	BCi	v.d. Zypen & Charlier	69.571	1901	am 31.08.1959 ausgemustert; ++ 1964
211 (2211)	BCi	v.d. Zypen & Charlier	69.572	1901	1965 in Anröchte abgebrannt und verschrottet
212 (2212)	BCi	v.d. Zypen & Charlier	69.573	1901	August 1963 in Anröchte abgebrannt und verschrottet
213 (2041)	BCi	v.d. Zypen & Charlier	69.574	1901	August 1963 in Anröchte abgebrannt und verschrottet
214 (2044)	BCi	v.d. Zypen & Charlier	69.575	1901	++ 1965
215	BCi	v.d. Zypen & Charlier	69.576	1901	1937 ausgemustert, verkauft
216 (2046)	BCi	v.d. Zypen & Charlier	69.577	1901	August 1963 in Anröchte abgebrannt und verschrottet
217 (2047)	BCi	v.d. Zypen & Charlier	69.578	1901	++ 31.08.1959
221	BC 3i	Waggonfabrik Uerdingen		1904	ex Leichentransportwagen der Deutschen Waggon-Leihanstalt; 1911 gekauft und zu Personenwagen umgebaut; 1945 ausgemustert; Untergestell verschrottet am 01.05.1949
222 (2222)	BC 3i	Waggonfabrik Uerdingen	2.857	1904	ex Leichentransportwagen der Deutschen Waggon-Leihanstalt; 1911 gekauft und zu Personenwagen umgebaut; 1953 ausgemustert; Untergestell verwendet für VB 1501
223	BC 3i	Waggonfabrik Uerdingen	2.857	1905	ex Leichentransportwagen der Deutschen Waggon-Leih-

Wagen-Nr.	Gattung	Hersteller	Fabrik-Nr.	Baujahr	Bemerkungen
					anstalt; 1911 gekauft und zu Personenwagen umgebaut; 1950 ausgemustert
224	BC 3i	Waggonfabrik Uerdingen	3.308	1905	ex Leichentransportwagen der Deutschen Waggon-Leihanstalt; 1911 gekauft und zu Personenwagen umgebaut; am 31.12.1945 ausgemustert (Kriegsschäden); ++ 30.06.1949
225 (2225)	BC 3i	Waggonfabrik Uerdingen	2.783	1904	ex Leichentransportwagen der Deutschen Waggon-Leihanstalt; 1912 gekauft und zu Personenwagen umgebaut; 1954 ausgemustert; Untergestell verwendet für VB 1502
226 (2226)	BC 3i	Waggonfabrik Uerdingen	2.858	1904	ex Leichentransportwagen der Deutschen Waggon-Leihanstalt; 1913 gekauft und zu Personenwagen umgebaut; 1963 ausgemustert
231	BCi	Waggonfabrik Uerdingen	36.923	1929	++ 1950 (Kriegsschäden)
232	BCi	Waggonfabrik Uerdingen	36.924	1929	++ 1950 (Kriegsschäden)
241 (2241)	BCi	Eigenbau WLE	9.570	1946	1965 in Anröchte abgebrannt und verschrottet
251 (2251)	BC 4i	Josef Rathgeber, München	-	1910	1940 von Erich am Ende gekauft; ++ 1972
252 (2252)	BC 4i	-	-	1909	1941 von Erich am Ende gekauft; 1964 in Anröchte abgebrannt und verschrottet
253 (2253)	BC 4i	Linke-Hofmann, Breslau	-	1890	1939 von Erich am Ende gekauft; 1969 ausgemustert; an EF Beckum verkauft
2301	B 4i	Waggonfabrik Steinfurth	-	1941	ex Wilhelmshavener Vorortbahn; 1975 nach Italien verkauft
2302	B 4i	Waggonfabrik Steinfurth	-	1941	ex Wilhelmshavener Vorortbahn; 1975 nach Italien verkauft
2303	B 4i	Waggonfabrik Steinfurth	-	1941	ex Wilhelmshavener Vorortbahn; 01.10.1976 an Hespertalbahn verkauft
2304	B 4i	Waggonfabrik Steinfurth	-	1941	ex Wilhelmshavener Vorortbahn; 1975 nach Italien verkauft
2305	B 4i	Waggonfabrik Steinfurth	-	1941	ex Wilhelmshavener Vorortbahn; 01.10.1976 an Hespertalbahn verkauft
2306	B 4i	Waggonfabrik Steinfurth	-	1941	ex Wilhelmshavener Vorortbahn; 1975 nach Italien verkauft
2307	B 4i	Waggonfabrik Steinfurth	-	1941	ex Wilhelmshavener Vorortbahn; 1975 nach Italien verkauft
2308	B 4i	Waggonfabrik Steinfurth	-	1941	ex Wilhelmshavener Vorortbahn; 1975 nach Italien verkauft
2309	B 4i	Waggonfabrik Steinfurth	-	1941	ex Wilhelmshavener Vorortbahn; 1975 nach Italien verkauft
2310	B 4i	Waggonfabrik Steinfurth	-	1941	ex Wilhelmshavener Vorortbahn; 1975 nach Italien verkauft
2351	BD 4i	Waggonfabrik Steinfurth	-	1941	ex Wilhelmshavener Vorortbahn; 1975 nach Italien verkauft
2352	ABD 4i	Waggonfabrik Steinfurth	-	1941	ex Wilhelmshavener Vorortbahn; am 01.10.1976 an Hespertalbahn verkauft
2353	ABD 4i	Waggonfabrik Steinfurth	-	1941	ex Wilhelmshavener Vorortbahn; 1975 nach Italien verkauft
2354	ABD 4i	Waggonfabrik Steinfurth	-	1941	ex Wilhelmshavener Vorortbahn; 1975 nach Italien verkauft
2311 (100)	WGm (Gen)	Orenstein & Koppel	33,5	1955	ex ARm 216

13

Die Güterwagen der WLE

Die Kippmuldenwagen (Gattung Omi-51) von Orenstein und Koppel zum Kalksteintransport (Heimatbahnhof Warstein)

Wagen-Nr.	Baujahr	Eigengewicht	Herkunft	Verbleib	Bemerkungen
5801	1950	12.280 kg	ex WLE Om 5234	++ 1974	
5802	1951	13.340 kg	ex WLE Om 5239	++ 1976	
5803	1951	12.570 kg	ex WLE Om 5248	++ 1974	nach Unfall
5804	1951	12.580 kg	ex WLE Om 5252	++ 1974	
5805	1951	1.2750 kg	ex WLE Om 5254	++ Februar 1963	wegen Unfallschäden
5806	1951	12.700 kg	ex WLE Om 5236	++ 1976	
5807	1951	12.970 kg	ex WLE Om 5249	++ 1976	
5808	1951	13.260 kg	ex WLE Om 5251	++ 1973	
5809	1951	12.990 kg	ex WLE Om 5255	++ 1976	
5810	1951	12.650 kg	ex WLE Om 5264	++ 1976	
5811	1951	12.280 kg	ex WLE Om 5250	++ 1976	
5812	1951	13.150 kg	ex WLE Om 5241	++ 1976	
5813	1951	12.920 kg	ex WLE Om 5266	++ 1976	
5814 (Ommi-51)	1951	12.910 kg	ex WLE Om 5257	++ 1973	
5815	1951	12.820 kg	ex WLE Om 5240	++ 1973	
5816	1951	13.270 kg	ex WLE Om 5245	++ 1973	
5817	1951	13.080 kg	ex DB 33538 Hannover	+ 30.09.1976	
5818	1951	13.210 kg	ex DB 21258 Hannover	+ März 1972	
5819	1951	13.150 kg	ex DB 33502 Hannover	+ 30.09.1976	
5820	1951	13.000 kg	ex DB 33555 Hannover	+ 30.09.1976	
5821	1951	12.960 kg	ex DB 592 Karlsruhe	++ 30.09.1976	
5822	1951	12.440 kg	ex DB 5136 Hamburg	++ 30.09.1976	
5823	1951	12.280 kg	ex DB 4733 Hamburg	++ 1973	
5824	1951	12.380 kg	ex DB 19672 München	++ Sept. 1961	Wagen wurde beim Unfall des Dg 6328 am 08.09.1961 schwer beschädigt
5825	1951	12.280 kg	ex DR 390 Berlin	++ 1974	
5826	1951	12.030 kg	ex DR 68065 Stettin	++ 30.09.1976	
5827	1951	12.320 kg	ex DR 931 Berlin	++ März 1972	
5828	1951	12.270 kg	ex DR 56178 Kassel		Umbau in Fd-Wagen 5968 am 09.07.1969
5829	1951	12.320 kg	ex DR 49688 Kassel	++ 1973	
5830	1951	12.210 kg	ex DR 3275 Hamburg	++ 30.09.1976	
5831	1952	11.980 kg	ex DR 261 Berlin	++ 30.09.1976	
5832	1952	12.020 kg	ex DR 1564 Berlin	++ 1973	

Wagen-Nr.	Baujahr	Eigengewicht	Herkunft	Verbleib	Bemerkungen
5833	1952	11.930 kg	ex DR 1699 Hamburg	++ 1974	
5834	1952	11.870 kg	ex DR 1019 Berlin	++ März 1972	
5835	1952	12.020 kg	ex DR 1576 Berlin	++ März 1972	
5836	1952	12.640 kg	ex DR 28774 Hamburg		Umbau in Fd-Wagen 5960 in 1964
5837	1952	11.940 kg	ex DR 528766 Hamburg	++ 30.09.1976	
5838	1952	12.520 kg	ex DR 528779 Hamburg	++ September 1961	gekauft von Fa. Dolberg; Wagen wurde beim Unfall des Dg 6328 am 08.09.1961 schwer beschädigt
5839	1952	12.430 kg	ex Wg 903 Wilhelmsh. Vorortbahn	++ 1974	
5840	1952	12.540 kg	ex Wg 902 Wilhelmsh. Vorortbahn	++ Januar 1974	nach Unfall
5841	1952	12.650 kg	ex Wg 901 Wilhelmsh. Vorortbahn	++ 1973	
5842	1952	12.250 kg	ex DR 528759 Hamburg	++ März 1972	
5843	1953	12.700 kg			1967 in Fd-Wagen 5964 umgebaut
5844	1953	12.700 kg			1965 in Fd-Wagen 5962 umgebaut
5845	1953	12.700 kg		++ Juni 1979	
5846	1953	12.700 kg			Bei einer Entgleisung am 08.09.1961 im Bf Diestedde wurdeder Wagen schwer beschädigt und anschließend verschrottet.
5847	1953	12.700 kg		++ Juni 1979	
5848	1953	12.700 kg			1967 in Fd-Wagen 5965 umgebaut
5849	1953	12.700 kg		++ Juni 1979	
5850	1953	12.700 kg		++ Juni 1979	
5851	1953	12.700 kg			Bei einer Entgleisung am 08.09.1961 im Bf Diestedde wurde der Wagen schwer beschädigt und anschließend verschrottet.
5852	1953	12.700 kg		++ Juni 1979	
5853	1953	12.700 kg			1969 in Fd-Wagen 5966 umgebaut
5854	1953	12.700 kg		++ Juni 1979	
5855	1953	12.700 kg			1969 in Fd-Wagen 5967 umgebaut
5856	1953	14.390 kg		++ Juni 1979	
5857	1953	14.390 kg			1964 in Fd-Wagen 5958 umgebaut
5858	1953	14.390 kg		++ Juni 1979	
5859	1953	14.390 kg		++ Juni 1979	
5860	1953	12.640 kg		++ Juni 1979	
5861	1953	12.640 kg			November 1966 in Fd-Wagen 5963 umgebaut
5862	1953	12.640 kg			am 07.05.1963 in Fd-Wagen 5955 umgebaut
5863	1953	12.640 kg			am 24.02.1965 in Fd-Wagen 5961 umgebaut
5864	1953	12.640 kg		++ Juni 1979	
5865	1953	12.640 kg			am 27.02.1964 in fd-Wagen 5959 umgebaut
5866	1953	12.640 kg			1972 in Fd-Wagen 5969 umgebaut
5867	1953	12.640 kg			am 04.11.1963 in Fd-Wagen 5957 umgebaut
5901	1950	12.830 kg			Der Wagen wurde 1958 für den Kalkstein-transport umgebaut und erhielt die Wagen-Nr. 5880

Die Zweiseitenkippwagen der WLE zum Kalksteintransport (Heimatbahnhof Warstein)

Wagennummer	Baujahr	Eigengewicht	Herkunft	Verbleib	Bemerkungen
5901	1922	15.220 kg	ex Om 5226 der KFBE	++ 1988	
5902	1922	14.800 kg	ex Om 5229 der KFBE	++ 1988	
5903	1919	15.130 kg	ex Om 5217 der KFBE	++ 1988	
5904	1922	15.060 kg	ex Om 5225 der KFBE	++ 1988	
5905	1920	15.140 kg	ex Om 5204 der KFBE	++ 1988	
5906	1922	15.030 kg	ex Om 5230 der KFBE		seit 01.01.1988 Wagen 68 (Einsatzreserve)
5907	1922	14.650 kg	ex Om 5238 der KFBE	++ 1988	
5908	1922	15.220 kg	ex Om 5236 der KFBE		seit 01.01.1988 Wagen 61 (Einsatzreserve)
5909	1922	15.060 kg	ex Om 5241 der KFBE		seit 01.01.1988 Wagen 62 (Einsatzreserve)
5910	1922	15.100 kg	ex Om 5251 der KFBE		am 05.11.1970 nach Unfall in Neubeckum verschrottet
5911	1922	14.170 kg	ex Om 5244 der KFBE		am 05.11.1970 nach Unfall in Neubeckum verschrottet
5912	1922	15.110 kg	ex Om 5224 der KFBE	++ 1988	
5913	1922	15.480 kg	wx Om 5239 der KFBE		seit 01.01.1988 Wagen 69 (Einsatzreserve)
5914	1922	15.100 kg	ex Om 5233 der KFBE	++ 1988	
5915	1920	15.130 kg	ex Om 5202 der KFBE	++ 1988	
5916	1922	15.290 kg	ex Om 5235 der KFBE		seit 01.01.1988 Wagen 70 (Einsatzreserve)
5917	1922	15.350 kg	ex Om 5243 der KFBE	++ 1988	
5918	1919	15.260 kg	ex Om 5219 der KFBE	++ 1988	
5919		15.320 kg	ex Om 5250 der KFBE	++ 1988	
5920	1922	15.410 kg	ex Om 5232 der KFBE	++ 1988	
5921	1922	15.240 kg	ex Om 5249 der KFBE	++ 1988	
5922	1922	15.330 kg	ex Om 5248 der KFBE	++ 1988	
5923	1919	15.430 kg	ex Om 5213 der KFBE	++ 1988	
5924	1922	15.140 kg	ex Om 5246 der KFBE		am 25.01.1973 nach Unfall bei Beckum Ost verschrottet
5925	1920	15.320 kg	ex Om 5208 der KFBE	++ 1988	
5926	1922	15.460 kg	ex Om 5247 der KFBE	++ 1988	
5927	1922	15.280 kg	ex Om 5227 der KFBE	++ 1988	
5928	1920	15.200 kg	ex Om 5201 der KFBE	++ 1988	
5929	1920	15.010 kg	ex Om 5203 der KFBE		seit 01.01.1988 Wagen 63 (Einsatzreserve)
5930	1922	14.820 kg	ex Om 5237 der KFBE	++ 1988	
5931	1962	14.530 kg			seit 01.01.1988 Wagen 78 (Einsatzreserve)
5932	1962	14.590 kg			seit 01.01.1988 Wagen 79 (Einsatzreserve)
5933	1962	14.680 kg		++ 1988	
5934	1962	14.790 kg			seit 01.01.1988 Wagen 64 (Einsatzreserve)
5935	1962	14.850 kg			seit 01.01.1988 Wagen 65 (Einsatzreserve)
5936	1962	14.600 kg			seit 01.01.1988 Wagen 66 (Einsatzreserve)
5937	1962	14.550 kg		++ 1988	
5938	1962	14.400 kg		++ 1988	
5939	1962	14.780 kg			seit 01.01.1988 Wagen 67 (Einsatzreserve)
5940	1962	14.960 kg			seit 01.01.1988 Wagen 71 (Einsatzreserve)
5941	1962	14.770 kg		++ 1988	
5942	1962	14.350 kg		++ 1988	
5943	1962	14.520 kg		++ 1988	
5944	1962	14.800 kg		++ 1988	
5945	1962	14.970 kg		++ 1988	
5946	1962	14.880 kg		++ 1988	
5947	1962	14.600 kg		++ 1988	
5948	1962	14.900 kg		++ 1988	
5949	1962	15.350 kg		++ 1988	
5950	1962	14.970 kg		++ 1988	
5951	1962	14.820 kg		++ 1988	

Wagennummer	Baujahr	Eigengewicht	Herkunft	Verbleib	Bemerkungen
5952	1962	14.820 kg		++ 1988	
5953	1962	14.960 kg		++ 1988	
5954	1962	14.780 kg		++ 1988	
5955	1963	14.700 kg	Omi 5862	++ 1988	
5956	1963	14.770 kg	Omi 5880	++ 1988	
5957	1963	14.590 kg	Omi 5867	++ 1988	
5958	1964	14.470 kg	Omi 5857	++ 1988	
5959	1964	14.380 kg	Omi 5865		seit 01.01.1988 Wagen 72 (Einsatzreserve)
5960	1964	14.240 kg	Omi 5836		am 05.11.1970 nach Unfall in Neubeckum verschrottet
5961	1965	14.510 kg	Omi 5863	++ 198	
5962	1965	14.300 kg	Omi 5844	++ 1988	
5963	1966	14.380 kg	Omi 5861		seit 01.01.1988 Wagen 74 (Einsatzreserve)
5964	1967	14.460 kg	Omi 5843	++ 1988	
5965	1967	14.320 kg	Omi 5848		am 05.11.1970 nach Unfall in Neubeckum verschrottet
5966	1969	14.600 kg	Omi 5853	++ 1988	Wagen erhielt neue Radsätze mit Rollenachslager
5967	1969	14.540 kg	Omi 5855	++ 1988	Wagen erhielt neue Radsätze mit Rollenachslager
5968	1969	14.530 kg	Omi 5828	++ 1988	Wagen erhielt neue Radsätze mit Rollenachslager
5969	1969	14.400 kg	Omi 5866		seit 01.01.1988 Wagen 73 (Einsatzreserve)
5970	1965	14.500 kg			seit 01.01.1988 Wagen 75 (Einsatzreserve)
5971	1965	14.230 kg		++ 1988	
5972	1965	14.540 kg			seit 01.01.1988 Wagen 76 (Einsatzreserve)
5973	1965	14.540 kg		++ 1988	
5974	1965	14.540 kg		++ 1988	
5975	1965	14.630 kg		++ 1988	
5976	1965	14.530 kg		++ 1988	
5977	1965	14.440 kg			seit 01.01.1988 Wagen 77 (Einsatzreserve)
5978	1965	14.480 kg		++ 1988	
5979	1965	14.880 kg		++ 1988	
5980	1965	14.720 kg		++ 1988	ex Kesselwagen Stahlwerke Brüninghaus
5981	1981	14.790 kg		++ 1988	Untergestell ex Schrottmuldenwagen der VPS
5982	1981	14.850 kg		++ 1988	Untergestell ex Schrottmuldenwagen der VPS
5983	1981	14.660 kg		++ 1988	Untergestell ex Schrottmuldenwagen der VPS
5984	1982	14.960 kg		++ 1988	Untergestell ex Schrottmuldenwagen der VPS
6001	1974	15.180 kg		++ 1988	
6002	1974	14.770 kg		++ 1988	
6003	1974	15.170 kg		++ 1988	

1 Die Wagen 5901–5930 wurden 1960/61 auf Untergestellen früherer Om-Wagen der Köln-Frechen-Benzelrather Eisenbahn. (Beschaffungskosten 4.900 DM je Wagen) aufgebaut.

2 Die Wagen 5931–5954 wurden auf brauchbaren, von der Fa. Lorenz gekauften und aufgearbeiteten Untergestellen aufgebaut. Baujahre der Untergestelle unbekannt.

3 Die Wagen 5955–5968 wurden auf Untergestellen ehemaliger Omi-Wagen der WLE aufgebaut.

4 Die Wagen 5970–5979 wurden neu ausgeliefert, gebaut von Orenstein & Koppel (Untergestell) und Fa. Wumag (Kippmulden).

5 Die Wagen 6001–6003 wurden 1974 in Dienst gestellt. Einzige Neuheit war der stärkere Rahmen und der längere Radstand. Aufbaumäßig entsprachen sie der Gattung Fd 60. Eine Weiterbeschaffung war nicht vorgesehen.

14 Literatur

Arbeitskreis der Heimatvereine des mittleren Möhnetals (Hrsg.): Die Eisenbahn im Möhnetal. Lippstadt 1999

Karl-Peter Ellerbrock, Marina Schuster (Hrsg.): 150 Jahre Köln-Mindener Eisenbahn. Essen 1997

Gustav Engel: Politische Geschichte Westfalens. 3. revidierte Auflg.. Köln 1969

Handbuch der deutschen Eisenbahnstrecken, Mainz 1984, unveränderter Nachdruck der 1935 unter dem Titel »Die deutschen Eisenbahnen in ihrer Entwicklung 1835–1935« von der Deutschen Reichsbahn herausgegebenen Druckschrift

Karlheinz Haucke: Impulse: Westfalen im Umbruch, Englische Einflüsse auf die westfälische Baukunst des 19. Jahrhunderts, in: Westfälische Forschungen, Bd. 44/1994, S. 259–289. Münster 1994

Wolfgang Klee: Eisenbahnen in Westfalen. Münster 2000

Johannes Kubasik: Der neue Triebwagen VT 1 der WLE auf der Sennebahn im Sommer 1928, in: Heimatjahrbuch Kreis Gütersloh 2000. Gütersloh 1999

Josef Kückmann: Wie sie wurde, was sie ist: Westfälische Landes-Eisenbahn, in: Heimatkalender des Kreises Soest 1995, S. 41–45. Soest 1994

Wolf Lammers: Angelmodde und die Westfälische Landeseisenbahn. Chronik Angelmodde, Heft 5. Münster 1993

Paul Wambach, Siegfried Binder: Mit Volldampf ins 20. Jahrhundert, 1883–1983: Einhundert Jahre Westfälische Landes-Eisenbahn. 2 Bd., hrsg. von der Westfälischen Verkehrsgesellschaft. Münster 1983.

VERKEHRS-GESCHICHTE

vielseitig und informativ

Harald Zeh
Die Eisenbahn im Gaswerk Stuttgart
Im Gaisburger Gaswerk dampften bis in die 70er die beiden letzten württembergischen Länderbahnloks. Heute steht eine der T 3 im Gaswerk als Denkmal.
128 Seiten, 141 Bilder, davon 11 in Farbe
Bestell-Nr. 71108

Gerhard Arndt/Ursula Arndt
Liliputbahnen in Parks und Gärten
In einer Liliputbahn ist alles eine Nummer kleiner. Die meisten Gleise sind nicht einmal 40 Zentimeter breit und bei der kleinsten Bahn muss der Lokführer sogar auf dem Bauch liegen um die Maschine bedienen zu können. Dieser Band sagt
alles zu Geschichte und Technik der Bahnen.
124 Seiten, 135 Bilder, davon 16 in Farbe
Bestell-Nr. 71072

Endisch/Kratzsch-Leichsenring
Die Dampflok im Bahnbetriebswerk
Im Bahnbetriebswerk war Arbeit angesagt, wenn die Dampfloks heimkamen. Dieses Buch schildert den Alltag im Dampflok-Bw mit seinen vielfältigen Aufgaben.
112 Seiten, 122 Bilder, davon 17 in Farbe, 17 Zeichnungen
Bestell-Nr. 71096

Kratzsch-Leichsenring
Diesel- und E-Loks im Bahnbetriebswerk
Die Bahnbetriebswerke sind heute klinisch saubere und hoch technisierte High-Tech-Zentren. Dieser Band gewährt Einblick in das traute Heim der Lokomotiven.
128 Seiten, 120 Bilder, davon 30 in Farbe
Bestell-Nr. 71134

Urs Kramer/Bruno Schötz
Rübenzüge
Die Bahn hat die Rübenzüge abgeschafft – in diesem Buch fahren sie weiter.
128 Seiten, 127 Bilder, davon 27 in Farbe
Bestell-Nr. 71149

Erich Preuß
Signale deutscher Eisenbahnen
Vom Formsignal bis zum Lichtsignal und den neuen Ks-Signalen der DB AG.
112 Seiten, 89 Bilder, davon 20 in Farbe, 4 Zeichnungen
Bestell-Nr. 71086

Alfred B. Gottwaldt
Deutsche Kriegslokomotiven 1939–1945
Hier steht alles drin über das größte Lokomotivbau-Programm der Geschichte.
152 Seiten, 120 Bilder
Bestell-Nr. 71032

Unsere Reihe »Verkehrsgeschichte« wird laufend erweitert und kostet pro Band DM 29,80

trans press

IHR VERLAG FÜR EISENBAHN-BÜCHER

Postfach 10 37 43 · 70032 Stuttgart
Telefon (07 11) 2108065 · Fax (07 11) 2108070

Stand März 2001 – Änderungen in Preis und Lieferfähigkeit vorbehalten

TRANSPRESS-SPEZIAL
einmalig in Preis und Leistung

Maedel/Gottwaldt
Deutsche Dampflokomotiven
Zwischen 1957 und 1968 in fünf Auflagen erschienen, ist der Klassiker wieder da, neu bearbeitet, im Bildteil ergänzt. Mit Biografien wichtiger deutscher Dampflok-Konstrukteure.
320 S., 252 Bilder
Bestell-Nr. 70912
DM 29,80

Erich Preuß
Kursbuch des Schreckens
Diese Dokumentation bedeutender Eisenbahnunglücke in den letzten zwanzig Jahren fasst die beiden Preuß-Titel »Tragischer Irrtum« und »Reise ins Verderben« zusammen.
304 Seiten, 142 Bilder, 63 Zeichnungen
Bestell-Nr. 71093
DM 29,80

Ludwig Rotthowe/Wolfgang Fiegenbaum
Mit der Eisenbahn durch Deutschland
Eisenbahnfotograf Ludwig Rotthowe hat zwischen 1956 und 1982 die Bundesrepublik bereist und dabei den Alltagsbetrieb auf deutschen Schienen in unwiederbringlichen Aufnahmen festgehalten. Die schönsten dieser Bilder fanden 1983 Eingang in dieses Buch. Jetzt liegt der längst vergriffene Bildband als unveränderte, aber preiswerte transpress-spezial-Ausgabe wieder vor.
144 Seiten, 149 Bilder, davon 23 in Farbe
Bestell-Nr. 71130 **DM 29,80**

J. Michael Mehltretter
Dampflokomotiven – Die letzten in Deutschland
Meisterhafte Fotos lassen die »black beauties« wieder zum Leben erwachen und entführen in eine untergegangene Eisenbahnepoche.
236 Seiten, 193 Bilder, davon 24 in Farbe, 20 Zeichnungen
Bestell-Nr. 71131
DM 29,80

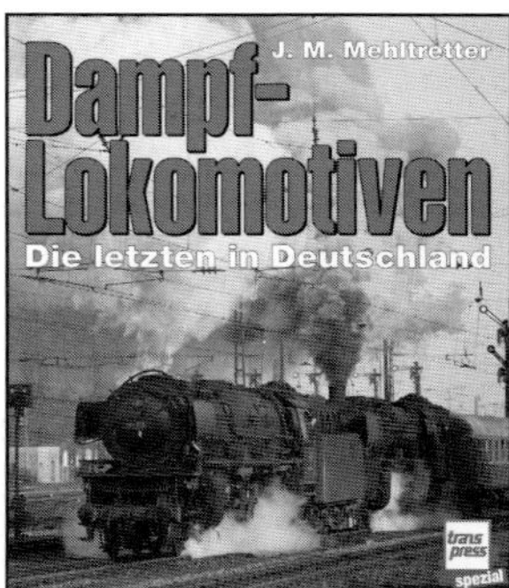

Alfred B. Gottwaldt
Stromlinie
»Stromlinie« hieß das Zauberwort der 30er-Jahre. Auch die Reichsbahn experimentierte mit der aerodynamischen Form. Das Buch zeigt seltene Bilder rund um Entwicklung, Bau und Technik.
296 Seiten, 404 Bilder, dav. 8 in Farbe
Bestell-Nr. 70781
DM 29,80

IHR VERLAG FÜR EISENBAHN-BÜCHER

Postfach 10 37 43 · 70032 Stuttgart
Telefon (07 11) 2108065 · Fax (07 11) 2108070

trans press

Stand März 2001 – Änderungen in Preis und Lieferfähigkeit vorbehalten